建筑与市政工程施工现场专业人员继续教育教材

# 施工现场安全生产标准化管理

中国建设教育协会继续教育委员会　组织编写

刘善安　主编

中国建筑工业出版社

**图书在版编目（CIP）数据**

施工现场安全生产标准化管理/中国建设教育协会继续教
育委员会组织编写. —北京：中国建筑工业出版社，2015.8
（建筑与市政工程施工现场专业人员继续教育教材）
ISBN 978-7-112-18312-8

Ⅰ.①施…　Ⅱ.①中…　Ⅲ.①建筑工程-施工现场-安全生
产-标准化管理-继续教育-教材　Ⅳ.①TU714

中国版本图书馆 CIP 数据核字（2015）第 172474 号

　　本教材共分十五章，内容为：概述，安全资料标准化，安全防护标准化，临时
用电标准化，机械安全标准化，脚手架安全管理标准化，表格管理标准化，安全检
查与验收，安全文明绿色施工标准化，制式安全防护设施，安全管理信息化，花园
式土地，目视管理，国外现场安全管理介绍，相关安全生产法律法规标准。

　　本教材主要作为建筑与市政工程施工现场专业人员继续教育教材，也可供相关
专业人员参考使用。

　　责任编辑：朱首明　李　明　李　阳　刘平平
　　责任设计：董建平
　　责任核对：赵　颖　党　蕾

建筑与市政工程施工现场专业人员继续教育教材
**施工现场安全生产标准化管理**
中国建设教育协会继续教育委员会　组织编写
刘善安　主编

\*

中国建筑工业出版社出版、发行（北京西郊百万庄）
各地新华书店、建筑书店经销
北京红光制版公司制版
环球东方（北京）印务有限公司印刷

\*

开本：787×1092 毫米　1/16　印张：7　字数：172 千字
2016 年 2 月第一版　　2017 年 11 月第四次印刷
定价：**19.00** 元
ISBN 978-7-112-18312-8
（27545）

# 建筑与市政工程施工现场专业
# 人员继续教育教材
# 编审委员会

**参编单位：**

中建一局培训中心

北京建工培训中心

山东省建筑科学研究院

哈尔滨工业大学

河北工业大学

河北建筑工程学院

上海建峰职业技术学院

杭州建工集团有限责任公司

浙江赐泽标准技术咨询有限公司

浙江铭轩建筑工程有限公司

华恒建设集团有限公司

# 序

  建筑与市政工程施工现场专业人员队伍素质是影响工程质量、安全、进度的关键因素。我国从 20 世纪 80 年代开始，在建设行业开展关键岗位培训考核和持证上岗工作，对于提高建设行业从业人员的素质起到了积极的作用。进入 21 世纪，在改革行政审批制度和转变政府职能的背景下，建设行业教育主管部门转变行业人才工作思路，积极规划和组织职业标准的研发。在住房和城乡建设部人事司的主持下，由中国建设教育协会主编了建设行业的第一部职业标准——《建筑与市政工程施工现场专业人员职业标准》JGJ/T 250—2011，于 2012 年 1 月 1 日起实施。为推动该标准的贯彻落实，中国建设教育协会组织有关专家编写了考核评价大纲、标准培训教材和配套习题集。

  随着时代的发展，建筑技术日新月异，为了让从业人员跟上时代的发展要求，使他们的从业有后继动力，就要在行业内建立终身学习制度。为此，为了满足建设行业现场专业人员继续教育培训工作的需要，继续教育委员会组织业内专家，按照《标准》中对从业人员能力的要求，结合行业发展的需求，编写了《建筑与市政工程施工现场专业人员继续教育教材》。

  本套教材作者均为长期从事技术工作和培训工作的业内专家，主要内容都经过反复筛选，特别注意满足企业用人需求，加强专业人员岗位实操能力。编写时均以企业岗位实际需求为出发点，按照简洁、实用的原则，精选热点专题，突出能力提升，能在有限的学时内满足现场专业人员继续教育培训的需求。我们还邀请专家为通用教材录制了视频课程，以方便大家学习。

  由于时间仓促，教材编写过程中难免存在不足，我们恳请使用本套教材的培训机构、教师和广大学员多提宝贵意见，以便我们今后进一步修订，使其不断完善。

中国建设教育协会继续教育委员会

2015 年 12 月

# 前　　言

根据《国务院关于进一步加强安全生产工作的决定》提出的"在全国所有建筑施工企业普遍开展安全质量标准化活动"，建设部于 2005 年出台了《关于开展建筑施工安全质量标准化工作的指导意见》。2005 年至今，安全管理标准化工作的开展已经进行了十个年头。编者多年来一直从事于建筑施工安全管理，伴随着标准化工作的不断实施，发现部分地区与人员仍对安全标准化存在着理解不透、重点不明，甚至不知如何开展，各地发展水平参差不齐等问题。为此，编者结合标准化实施理论知识与施工现场标准化实施经验，编写《施工现场安全生产标准化管理》一书。

《施工现场安全生产标准化管理》共分十五章，主要采用表格、图片等直观的表达方式，真实地介绍施工现场安全标准化工作开展的成功经验，包括安全资料标准化、安全防护标准化、临时用电标准化、机械安全标准化、脚手架安全标准化、文明绿色施工标准化等，其中，着重介绍各方面重点、难点及亮点。同时，书中简略介绍国内外先进的安全管理经验，特别是作者前往日本观摩学习的切身所见所闻。希望对建筑企业施工现场标准化起到抛砖引玉的作用。

本书在编写过程中得到了各级领导、业内专家及工程项目技术、管理人员的支持和帮助，在此表示由衷的谢意！同时参阅了大量文献，在此谨向有关文献的作者表示衷心感谢！

由于水平有限，时间紧难免存在不少疏漏和不妥之处，真诚希望广大读者和同行提出宝贵意见，予以赐教指正。

# 目　　录

# 一、概述

安全生产标准化是指通过建立、完善企业安全文化，自觉贯彻落实安全生产法律法规和国家、行业的标准规范，建立健全包括企业内部安全生产日常管理、施工现场安全生产过程控制等在内的每个环节、每个流程的安全工作标准、企业规程和责任制，实现与安全生产相关的每个层级、每个岗位管理的标准化和规范化。

《国务院关于进一步加强安全生产工作的决定》国发〔2004〕2号中明确指出，要制定和颁布重点行业、领域安全生产技术规范和安全生产质量工作标准，在全国所有工矿、商贸、交通运输、建筑施工等企业普遍开展安全质量标准化活动。《建设部关于开展建筑施工安全质量标准化工作的指导意见》建质〔2005〕232号要求，建筑施工企业要积极开展创建安全质量标准化活动，全面实现建筑施工企业及施工现场的安全生产工作标准化工作。

安全生产标准化活动在建筑施工企业业已经开展10年，各地建委、建筑施工企业遵循国务院和建设部关于开展建筑施工企业安全质量标准化工作的指导意见精神，积极开展此项活动。各地在创建文明安全工地的基础上，开展施工现场安全生产标准化工作。例如北京市出台了《北京市建设工程施工现场安全资料管理规程》和《北京市建筑施工现场标准化图集》、各大建筑集团公司出台了本企业施工现场安全生产标准化手册或图集，指导施工现场安全生产标准化工作，对提高施工现场安全生产管理水平，减少安全事故，起到了很好的推动作用（图1-1～图1-3）。

在创建活动中，从思想认识到观念转变，从一般水平发展到较高水平，并出现了一些新的思路，如花园式工地的出现、目视管理和安全信息化管理等。本书主要以图片和文字结合的形式，把近年各建筑施工企业在安全生产标准化推进工作的成功经验展示给读者作为了解和借鉴，以达到共同提高的目的。本书主要分安全资料标准化、安全防护标准化、临时用电标准化、机械安全标准化、脚手架安全管理标准化、表格化管理标准化、安全检查与验收、花园式施

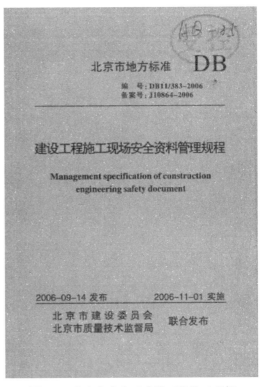

图1-1 北京市出台《建设工程施工现场安全资料管理规程》

工现场、目视管理、安全管理信息化和安全文明绿色施工标准化等。

图 1-2   施工现场标准化图册

图 1-3   建设工程安全质量标准化实施手册

# 二、安全资料标准化

安全资料管理是建筑施工企业和工程项目安全管理的一项重要工作，资料是安全生产工作过程中真实的记录凭证，要及时收集、整理、归纳、分析、以备检之用。

国家和地方对安全资料的管理都有具体要求，部分地区出台了地方安全资料管理规程，比如《北京市建设工程施工现场安全资料管理规程》，对安全资料管理规范化、标准化起到了非常好的推动作用。

安全资料管理各略有差异，但安全资料管理主要包括以下内容：

1. 安全管理目录（表2-1）

安全管理目录
表 2-1

| 编号 | 内　　　　　容 | 备注 |
|---|---|---|
| 1 | （1）工程概况表<br>（2）建设工程手续（包括建设工程用地规划证、建设工程规划许可证、建设工程施工许可证）<br>（3）总包单位资质材料（包括总包单位营业执照、资质证书、安全生产许可证）<br>（4）总包单位人员资质（包括总包项目经理的项目经理资质证书和安全资格证书、总包安全管理人员的安全资格证书） | |
| 2 | （1）职业健康安全管理方案（包括风险源台账及重大风险源控制清单）<br>（2）项目重大危险源控制措施<br>（3）危险性较大的分部分项工程汇总表 | |
| 3 | 地方施工现场检查评分记录（或建筑部建筑施工现场安全检查评分表） | |
| 4 | （1）项目安全生产责任制（包括项目各级管理人员各部门责任制，要有责任人签名）<br>（2）安全管理组织机构体系图（粗项职能分解）<br>（3）安全生产领导小组名单及细部职责分工<br>（4）目标管理（包括项目的安全管理总目标及针对目标的分步实施计划）<br>（5）项目安全管理制度（①安全生产检查制度；②安全生产培训教育制度；③安全生产奖罚制度；④特种设备及特种人员安全管理制度；⑤劳动保护用品发放管理制度；⑥事故报告调查处理制度；⑦安全生产验收制度；⑧安全生产技术管理制度；⑨安全活动制度；⑩安全技术交底制度；⑪安全操作规程；⑫临时用电管理规定等） | |
| 5 | （1）总分包安全生产协议书<br>（2）分包资质材料（包括分包单位资质证书、营业执照、安全生产许可证、进京许可证、人员花名册等）<br>（3）分包人员资质（分包单位项目经理的项目经理资质证书和安全资格证书、分包安全管理人员的安全资格证书） | |
| 6 | （1）施工组织设计<br>（2）施工方案及专项施工方案（包括冬雨期施工方案、钢筋工程方案、混凝土工程方案、CI方案、钢结构方案等） | |

| 编号 | 内 容 | 备注 |
|---|---|---|
| 7 | 安全技术交底汇总表 | |
| 8 | （1）地上、地下管线及建（构）筑物资料移交单<br>（2）地上、地下管线保护措施验收记录表<br>（3）地上、地下管线保护安全技术交底 | |
| 9 | （1）安全资金投入记录（有资金分析及百分比比重）<br>（2）作业人员安全教育记录表（包括工人进场记录、三级考卷、成绩登记表等）<br>（3）特种作业人员教育记录（包括考核）<br>（4）周一安全教育记录<br>（5）安全例会会议纪要<br>（6）日常安全教育记录<br>（7）班前讲话记录<br>（8）安全标识登记<br>（9）劳动保护用品验收（包括防护用品合格证、安鉴证、检测报告、厂家资质、厂家营业执照、厂家安全生产许可证等） | |
| 10 | （1）职工伤亡事故报表<br>（2）施工现场安全事故登记表<br>（3）违章处理记录<br>（4）生产安全事故应急预案 | |

**2. 安全资料管理存放：资料柜、资料盒、专人管理（图 2-1、图 2-2）**

图 2-1  资料柜

图 2-2  资料盒

# 三、安全防护标准化

    建筑施工现场安全防护，就是按照国家有关标准规范规程，采取有效的防护措施，从而使被保护对象处于没有危险、不受侵害、不出现事故的安全状态。安全是目的，防护是手段，通过防范的手段达到或实现安全的目的，就是安全防护的基本内涵。

    按照《建筑施工高处作业安全技术规范》JGJ 80－91；《建筑施工安全检查标准》JGJ 59－2011；《建筑施工扣件式钢管脚手架安全技术规范》JGJ 130－2011；《施工现场临时用电安全技术规范》JGJ 46－2005；《建筑机械使用安全技术规程》JGJ 33－2012 等要求规定。现场安全防护主要做好以下工作：

    1. 坑边安全防护（图 3-1、图 3-2）

图 3-1　坑边安全防护（一）　　　　　　　　图 3-2　坑边安全防护（二）

    2. 楼层临边安全防护（图 3-3、图 3-4）

图 3-3　楼层临边安全防护（一）　　　　　　图 3-4　楼层临边安全防护（二）

3. 楼梯安全防护（图 3-5、图 3-6）

图 3-5　楼梯安全防护（一）

图 3-6　楼梯安全防护（二）

4. 安全通道（图 3-7、图 3-8）

图 3-7　安全通道（一）

图 3-8　安全通道（二）

5. 洞口安全防护（图 3-9～图 3-12）

图 3-9　洞口安全防护（一）

图 3-10　洞口安全防护（二）

图 3-11　洞口安全防护（三）　　　　　图 3-12　洞口安全防护（四）

## 6. 水平防护（图 3-13、图 3-14）

图 3-13　水平防护（一）　　　　　　图 3-14　水平防护（二）

## 7. 随层挑网防护（图 3-15、图 3-16）

图 3-15　挑网防护（一）　　　　　　图 3-16　挑网防护（二）

8. 首层安全网防护、硬防护（图 3-17、图 3-18）

图 3-17　首层安全网防护

图 3-18　首层硬防护

9. 混凝土泵管固定点、操作架（图 3-19、图 3-20）

图 3-19　混凝土泵管固定点

图 3-20　操作架

10. 竖向钢筋防护、卸料平台（图 3-21、图 3-22）

图 3-21　竖向钢筋防护

图 3-22　卸料平台

11. 安全网、安全帽、安全带（图 3-23～图 3-25）

图 3-23　安全网

图 3-24　安全帽

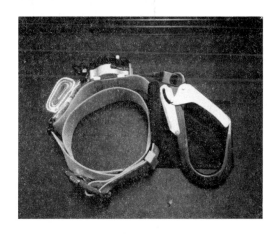

图 3-25　安全带

# 四、临时用电标准化

按照《施工现场临时用电安全技术规范》JGJ 46-2005 要求，对电箱防护、电线电缆的架设、用电设备的保护、照明器具的使用标识等进行规范，避免触电事故发生，保障用电安全和人身安全。

1. 电缆防护、标识（图 4-1、图 4-2）

图 4-1　电缆防护

图 4-2　标识

2. 电缆电线敷设（图 4-3～图 4-6）

图 4-3　电缆电线敷设（一）

图 4-4　电缆电线敷设（二）

图 4-5　电缆电线敷设（三）

图 4-6　电缆电线敷设（四）

3. 电箱防护（图 4-7）

图 4-7　电箱防护

4. 加工设备专用电箱（图 4-8、图 4-9）

图 4-8　加工设备专用电箱（一）　　　图 4-9　加工设备专用电箱（二）

5. 照明安全标识、箱变防护棚（图 4-10、图 4-11）

图 4-10　照明安全标识　　　　　　　图 4-11　箱变防护棚

6. 镝灯防护架、低压照明变压器（图 4-12、图 4-13）

图 4-12　镝灯防护架

图 4-13　低压照明变压器

7. 焊机及专用箱、挡板（图 4-14、图 4-15）

图 4-14　专用箱

图 4-15　挡板

## 8. 电箱（图 4-16～图 4-20）

(a)

(b)

图 4-16　一级电箱

图 4-17　二级电箱

(a)
(b)

图 4-18 三级电箱

(a)
(b)

图 4-19 末级手提电箱

(a)
(b)

图 4-20 焊机专用箱

9. 标识（图 4-21）

图 4-21  标识

# 五、机械安全标准化

建筑施工现场大量使用各种机械设备。机械设备分为：大型机械设备、中型机械设备和小型设备。施工现场机械事故时有发生，为避免机械事故发生，我们要对进场车辆、机械设备，从安装、验收、使用到拆除等过程把好关，重点检查机械设备的安全装置和防护设施是否齐全有效。加强操作人员的培训，遵守操作规程，做到操作规范化、防护标准化。

1. 电梯防护棚、门（图5-1、图5-2）

图5-1  电梯防护棚、门　　　　　图5-2  施工电梯安全操作规程

2. 泵车防护棚、塔式起重机防爬措施（图5-3、图5-4）

图5-3  泵车防护棚　　　　　　　图5-4  塔式起重机防爬措施

## 3. 钢筋加工棚（图 5-5、图 5-6）

图 5-5　钢筋加工棚（一）　　　　　图 5-6　钢筋加工棚（二）

## 4. 设备防护罩（图 5-7、图 5-8）

图 5-7　设备防护罩（一）　　　　　图 5-8　设备防护罩（二）

## 5. 龙门架及监控系统（图 5-9、图 5-10）

图 5-9　龙门架　　　　　　　　　图 5-10　监控系统

6. 危险作业区（图 5-11、图 5-12）

图 5-11　危险作业区（一）　　　　　　图 5-12　危险作业区（二）

7. 塔式起重机作业（图 5-13、图 5-14）

图 5-13　塔式起重机作业　　　　　　图 5-14　信号指挥

8. 电动吊篮（图 5-15、图 5-16）

图 5-15　电动吊篮（一）　　　　　　图 5-16　电动吊篮（二）

# 六、脚手架安全管理标准化

脚手架是为建筑施工而搭设的上下人、堆料与施工作业的临时结构架、围护架，是进行施工作业重要辅助设施。

脚手架的种类按其搭设位置分为外脚手架和里脚手架两大类，按其构造形式分为多力杆式、框式、桥式、挂式、升降式，按其所用材料分有木、竹、钢管脚手架。其中施工现场大量使用的有落地双排架、悬挑架和爬架。

国家对各类脚手架都有相应的规程标准，施工单位应编制施工方案，严格按标准和方案实施，并进行全过程监控，避免发生坍塌、倾覆事故。

1. 落地式脚手架（图 6-1～图 6-3）
2. 悬挑式脚手架（图 6-4～图 6-6）
3. 附着式升降脚手架（图 6-7、图 6-8）
4. 移动式门式架（图 6-9、图 6-10）
5. 马道（图 6-11）

**基本要求**

(1) 搭设应符合规范要求，剪刀撑应连续设置，横杆露出架体外立面长度为100~150mm,每隔3层或10m置一道200mm高警示带，固定于立杆外侧，警示带尺寸如下：

(2) 脚手架钢管表面涂刷黄色油漆，剪刀撑和警示带表面涂刷红白警示漆，脚手架内侧满挂绿色密目安全网，安全网封闭严密，张紧、无破损，颜色新亮；

(3) 脚手架外侧悬挂楼层提示牌。

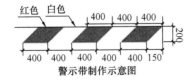

警示带制作示意图

脚手架基础

脚手架拉结

脚手架搭设效果图

图 6-1　落地式脚手架基本要求　　　　　图 6-2　落地式脚手架的搭设

图 6-3　落地式脚手架

**基本要求**

(1) 悬挑钢梁截面尺寸应经设计计算确定，不小于16号工字钢，工字钢涂刷红白警示漆；

(2) 脚手架钢管表面涂刷黄色油漆，剪刀撑和警示带表面涂刷红白警示漆，脚手架内侧满挂绿色密目安全网，安全网封闭严密，张紧、无破损，颜色新亮；

(3)脚手架架体及悬挑梁固定符合规范要求，架体底层应采用硬质防护进行封闭，硬质防护底面涂刷黄色油漆，每隔3层或10m设置一道200mm警示带，固定于立杆外侧，当防护高度超过100m时，每隔10m设置黄色密目安全网警示带，横杆露出架体外立面长度为100~150mm。

图 6-4　悬挑式脚手架基本要求

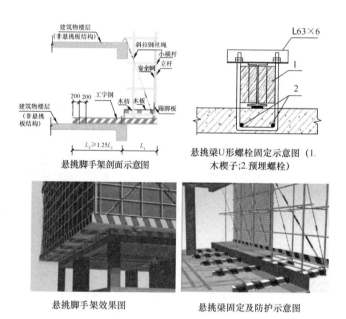

悬挑脚手架剖面示意图

悬挑梁U形螺栓固定示意图（1.木楔子;2.预埋螺栓）

悬挑脚手架效果图

悬挑梁固定及防护示意图

图 6-5　悬挑脚手架（一）

图 6-6　悬挑脚手架（二）

**基本要求**

（1）附着式升降脚手架应采用集成式，升降脚手架底层满铺硬质防护翻板，架体外排里侧采用金属网片或打孔轻质金属板全封闭，每隔3层或10m设置一道200mm警示带；

（2）脚手架一切搭设应符合标准规范要求。

图 6-7　附着式升降脚手架基本要求（一）　　　图 6-8　附着式升降脚手架

图 6-9　移动式门式架（一）

图 6-10　移动式门式架（二）

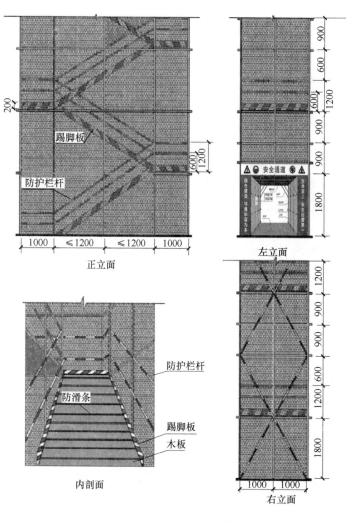

正立面

内剖面

左立面

右立面

图 6-11  马道

（1）马道应满铺脚手板，脚手板设置防滑木条；

（2）马道宽度不小于1m，立杆间距不大于1200mm，坡度值采用1：3，休息平台宽度不应小于斜道宽度，运料斜道宽度不宜小于1500mm，坡度值采用1：6，马道两侧应设置挡脚板和双道防护栏杆（上道栏杆高度1200mm，中间栏杆居中设置）挡脚板高度200mm，栏杆和挡脚板表面刷红白警示漆；

（3）马道两侧挂密目安全网封闭，马道的侧立面应设置剪刀撑；

（4）通道口内侧悬挂提示牌。

# 七、表格管理标准化

在日常安全管理工作过程中，表格由于简单明了、便于分析的优点，得到大量使用。表格主要有以下形式：检查表格、验收表格、统计表、花名册、概况表格、目录表格、记录表格、教育培训表格、交底表格、移交表格、隐患整改单、罚款单、停工通知单、记录表等。

针对某一特定施工环节进行管理，可制作专门表格，比如对电气焊施工管理，可以自制"电气焊工操作确认单"来进行管理，防止电气焊施工中发生火灾事故。

表格管理是一个过程管理的真实记录，表格内容须真实、明确，签字人要对内容真实性、有效性负责。

具体表格样表见下：

1. 工程概况表（表 7-1）

表 7-1

| 工程概况表 | | | | 编号 | |
|---|---|---|---|---|---|
| 工程名称 | | | 工程地点 | | |
| 建筑面积（m²） | | 层数/建筑物总高（m） | | 结构类型 | |
| 工程总造价（万元） | | 施工许可证号及发证机关 | | 施工企业安全生产许可证号 | |
| 合同工期 | | 实际开工日期 | | | |
| 单位名称 | | | | 主要负责人 | 联系电话（办公、手机） |
| 建设单位 | | | | | |
| 勘察单位 | | | | | |
| 设计单位 | | | | | |
| 施工单位 | | | | | |
| 监理单位 | | | | | |
| 施工安全监督机构 | | | | | |
| 主要安全管理人员姓名 | | | | 证书号 | 联系电话 |
| 项目经理 | | | | | |
| 技术负责人 | | | | | |
| 项目安全经理或项目安全主管 | | | | | |
| | | | | | |
| 总监理工程师 | | | | | |

注：本表由施工单位填写，监理单位、施工单位各存一份。

## 2. 北京市施工现场检查评分记录（安全管理）（表 7-2）

施工单位　　　　　　　　　　　　　　　　　　工程名称　　　　　　　**表 7-2**

| 序号 | | 检查项目 | 检查情况 | 标准分值 | 评定分值 |
|---|---|---|---|---|---|
| 1 | | 项目部安全生产责任制 | | 10 | |
| 2 | | 项目部安全管理机构设置 | | 5 | |
| 3 | | 目标管理 | | 5 | |
| 4 | | 总包与分包安全管理协议书 | | 5 | |
| 5 | | 施工组织设计 | | 5 | |
| 6 | | 冬、雨期施工方案 | | 5 | |
| 7 | | 安全教育 | | 10 | |
| 8 | 资 | 安全资金投入 | | 5 | |
| 9 | 料 | 工伤事故资料 | | 5 | |
| 10 | | 特种作业上岗证书 | | 5 | |
| 11 | | 地下设施交底资料及保护措施 | | 10 | |
| 12 | | 安全防护用品合格证及检测资料 | | 5 | |
| 13 | | 生产安全事故应急预案 | | 10 | |
| 14 | | 安全标志 | | 5 | |
| 15 | | 违章处理记录 | | 5 | |
| 16 | | 文明安全施工检查记录 | | 5 | |

应得分　　　　　　　实得分　　　　　　　得分率

折合标准分

检查员签字　　　　　　　　　　　　　　　　　　　　　　　　　年　月　日

## 3. 现场人员花名册（表7-3）

表 7-3

单位

| 序号 | 姓名 | 性别 | 年龄 | 文化程度 | 家庭住址 | 工种（职务） | 现住址 | 目前健康状况 | 身份证号码 | |
|---|---|---|---|---|---|---|---|---|---|---|
| 1 | | | | | | | | | | |
| 2 | | | | | | | | | | |
| 3 | | | | | | | | | | |
| 4 | | | | | | | | | | |
| 5 | | | | | | | | | | |
| 6 | | | | | | | | | | |
| 7 | | | | | | | | | | |
| 8 | | | | | | | | | | |
| 9 | | | | | | | | | | |
| 10 | | | | | | | | | | |
| 11 | | | | | | | | | | |
| 12 | | | | | | | | | | |
| 13 | | | | | | | | | | |
| 14 | | | | | | | | | | |
| 15 | | | | | | | | | | |

填报人：　　　　　　　　　　　　　　　　　　　　审核：

## 4. 地上、地下管线保护措施验收记录表（表7-4）

表 7-4

| 地下管线保护措施验收记录表 | | 编号 | |
|---|---|---|---|
| 工程名称 | | 施工单位 | |
| 验收部位 | | | |

验收结果：

验收人员签字：

年　　月　　日

注：本表由施工单位填报，监理单位、施工单位各存一份。

5. 安全资金投入记录（有资金分析及百分比比重）（表7-5）

表 7-5

单位：

| 费用类别 | 安全费用明细 | 金额/元 | | 责任部门或责任人 |
|---|---|---|---|---|
| | | 本月 | 自年初累计 | |
| 临边、洞口安全防护 | 临边安全防护设施的材料费、人工费、按每延长米为0.3元/天计算 | | | |
| | 洞口防护设施的材料费、人工费、按每延长米为0.3元/天计算 | | | |
| 临时用电安全防护 | 安全生产设置的安全通道、围栏、警示绳 | | | |
| | 配电箱（柜）的防护设施 | | | |
| | 漏电保护器 | | | |
| | 低压灯泡 | | | |
| | 低压变电器 | | | |
| | 密闭碘钨灯 | | | |
| | 临近高压线的隔离防护的材料费、人工费 | | | |
| | 系统接地安全装置 | | | |
| | 购买电气监测仪表：兆欧表、接地摇表等费用 | | | |
| 脚手架安全防护 | 水平安全网材料费、人工费 | | | |
| | 密目式安全立网的材料费、人工费 | | | |
| | 脚手板（含挡脚板）的材料费、人工费 | | | |
| | 操作层的防护栏杆的材料费、人工费，按每延长米为0.3元/天计算 | | | |
| | 工具式架子的安全保险装置、安全绳的材料费、人工费 | | | |
| 机械设备安全防护设施 | 钢筋加工机械设备防杂、防雨设施的材料费、人工费 | | | |
| | 木工机械等中小型机械设备防砸、防雨设施的材料费、人工费 | | | |
| | 钢筋加工机械安全防护装置费用 | | | |
| | 木工机械安全防护装置费用 | | | |
| | 外用电梯的进出料门安全限位器的购置、安全防护棚的材料费、人工费 | | | |
| | 提升架（龙门架）进出料门（含首层门）安全限位器的购置、安全防护棚的材料费、人工费 | | | |
| | 钢丝绳过路保护 | | | |
| | 电动吊篮的断绳保护装置的购置 | | | |
| 安全教育培训 | 培训费、资料费、教材费等 | | | |
| 安全宣传费 | 安全标志、安全标语、挂图、安全操作规程牌、安全书籍、内业安全资料等购置费 | | | |
| | | | | |
| 合计 | | | | |

审核人： 统计人： 填报时间： 年 月 日

6. 作业人员安全教育培训记录表（包括工人进场记录、三级考卷、成绩登记表等）
（表7-6）

表 7-6

| 安全教育培训记录表 | | | | 编号 | |
| --- | --- | --- | --- | --- | --- |
| 培训主题 | | | | 培训对象及人数 | |
| 培训部门或召集人 | | 主讲人 | | 记录整理人 | |
| 培训时间 | | | 地点 | 学时 | |
| 培训提纲： | | | | | |
| 参加培训教育人员（签名） | | | | | |
| | | | | 年 月 日 | |

注：1. 项目对操作人员进行培训教育时填写此表；

2. 签名处不够时，应将签到表附后。

## 7. 特种作业人员教育记录（包括考核）（表7-7）

表 7-7

| 特种作业人员教育登记表 | | | | | | | | | | | 编号 | 1 |
|---|---|---|---|---|---|---|---|---|---|---|---|---|
| 工程名称： | | | | | | | 施工单位： | | | | | |
| 编号 | 姓名 | 性别 | 身份证号 | 工种 | 证件编号 | 发证机关 | 发证时间 | 有效期限 | 所在单位 | 退场时间 | | |
| | | | | | | | | | | | | |
| | | | | | | | | | | | | |
| | | | | | | | | | | | | |
| | | | | | | | | | | | | |
| | | | | | | | | | | | | |
| | | | | | | | | | | | | |
| | | | | | | | | | | | | |
| | | | | | | | | | | | | |
| | | | | | | | | | | | | |
| | | | | | | | | | | | | |
| | | | | | | | | | | | | |
| | | | | | | | | | | | | |

### 8. 周一安全教育记录（图 7-1、图 7-2）

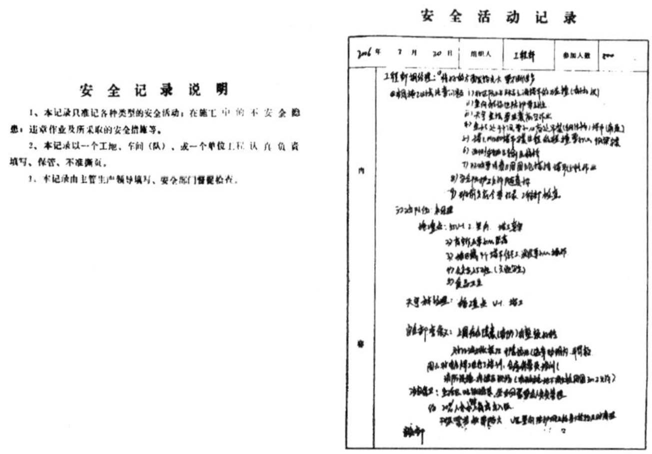

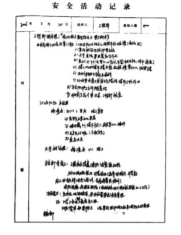

图 7-1                                                    图 7-2

### 9. 安全例会会议纪要（图 7-3、图 7-4）

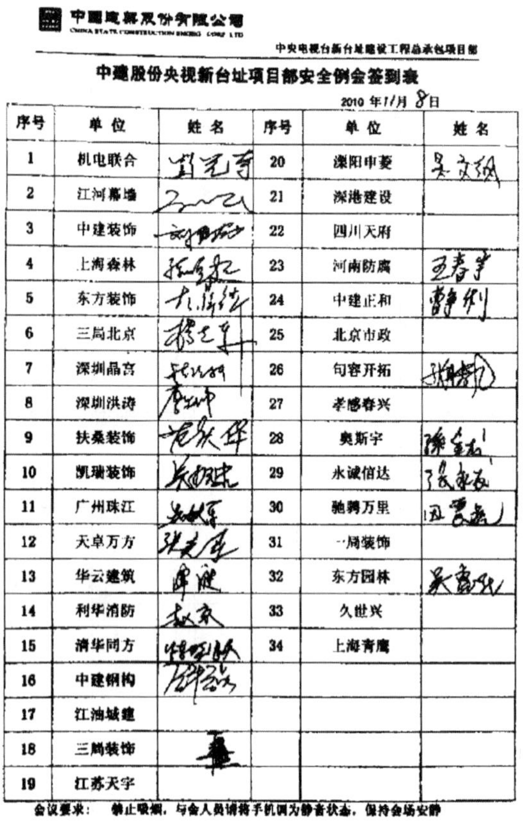

图 7-3                                                    图 7-4

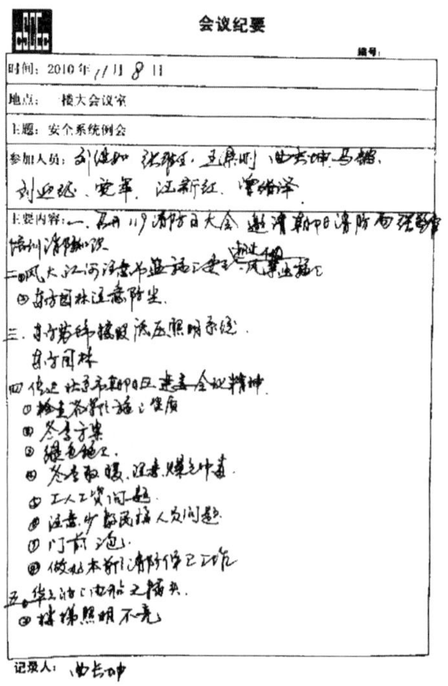

10. 班前讲话记录（表7-8、表7-9）

表 7-8

班组班前安全活动记录：

（　　年　　月～　　年　　月）

　　　　工程名称：＿＿＿＿＿＿＿＿＿＿＿＿＿＿

　　　　总包单位：＿＿＿＿＿＿＿＿＿＿＿＿＿＿

　　作业单位：＿＿＿＿＿＿＿＿＿＿＿＿＿＿

　　班组名称：＿＿＿＿＿＿＿＿＿＿＿＿＿＿

表 7-9

| 班组班前讲话记录 | | | 编号 | |
|---|---|---|---|---|
| | | | | |
| | 工程名称 | 操作班组 | | 年 月 日 |
| 当天作业部位 | 当天作业内容 | 作业人数 | 安全防护用品配备、使用 | |
| | | | | |
| 班前评估内容 | | | | |
| 参加活动作业人员名单 | | | | |

注：本表由施工单位填写。

## 11. 重要劳动防护用品使用情况登记表（表 7-10）

**表 7-10**

单位：

| 日期 | 品名 | 规格 | 数量 | 生产厂家 | 验收结果 | 存在问题 |
|------|------|------|------|----------|----------|----------|
|      |      |      |      |          |          |          |
|      |      |      |      |          |          |          |
|      |      |      |      |          |          |          |
|      |      |      |      |          |          |          |
|      |      |      |      |          |          |          |
|      |      |      |      |          |          |          |
|      |      |      |      |          |          |          |
|      |      |      |      |          |          |          |
|      |      |      |      |          |          |          |
|      |      |      |      |          |          |          |
|      |      |      |      |          |          |          |
|      |      |      |      |          |          |          |
|      |      |      |      |          |          |          |
|      |      |      |      |          |          |          |
|      |      |      |      |          |          |          |

说明：重要劳动防护用品，指施工现场使用的安全网、安全帽、安全带、漏电断路器及标准配电箱、五芯电缆线、脚手架扣件。

## 12. 建筑系统企业职工伤亡事故快报表（表7-11）

表 7-11

| 事故发生的时间 | 年 月 日 时 分 | | | | | |
|---|---|---|---|---|---|---|
| 事故发生的工程名称 | | | | | | |
| 事故发生的地点 | | | | | | |

| 事故发生的企业（包括总、分包企业） | | | | | |
|---|---|---|---|---|---|
| 名　称 | 经济性质 | 资质等级 | 直接主管部门 | | 业别 |
| | | | | | |
| | | | | | |

事故伤亡人员：　人，其中：死亡　人，重伤　人，轻伤　人

| 姓名 | 伤亡程度 | 用工形式 | 工种 | 级别 | 性别 | 年龄 | 事故类别 |
|---|---|---|---|---|---|---|---|
| | | | | | | | |
| | | | | | | | |

| 事故的简单经过及原因初步分析（必须说明在从事何种工作时发生的事故，事故发生在现场或工程的部位及起因） | |
|---|---|
| 事故发生后采取的措施及事故控制的情况 | |

| 报告单位 | 填报人： | 报告时间 | 年 月 日 |
|---|---|---|---|

13. 违章处理记录（表7-12）

生产安全事故、隐患、违章罚款通知单　　　　　　表 7-12

编号：

| 受罚项目或个人： | |
|---|---|
| 罚款原因 | |
| 罚款金额（大写） | |
| 罚款单签发部门（章） | 签发人：　　　　　　签发时间：<br><br>　　　　　　　　　　　　　年 月 日 |

## 14. 工程项目安全检查隐患整改记录表（表7-13）

表 7-13

| 工程名称 | | 施工单位 | |
|---|---|---|---|
| 施工部位 | | 作业单位 | |
| 检查情况及存在的隐患： | | | |
| 整改要求： | | | |
| 检查人员签字 | | | |
| 复查意见 | | | |

复查人签字                                    复查日期：    年  月  日

## 15. 施工现场消防重点部位登记表（表7-14）

表 7-14

| 施工现场消防重点部位登记表 | | | 编号 | |
|---|---|---|---|---|
| 工程名称： | | | | |
| 序号 | 部位名称 | 消防器材配备情况 | 防火责任人 | 检查时间和结果 |
| | | | | |
| | | | | |
| | | | | |
| | | | | |
| | | | | |
| | | | | |
| | | | | |
| | | | | |
| | | | | |
| | | | | |
| | | | | |
| | | | | |
| 消防安全员 | | 项目负责人 | | 填表日期 |

注：本表由施工单位填写。

16. 特种作业人员登记（表7-15）

表 7-15

| 特种作业人员登记表 | | | | | | 编号 | | |
|---|---|---|---|---|---|---|---|---|
| 工程名称： | | | | | 施工单位（租赁单位）： | | | |
| 序号 | 姓名 | 性别 | 身份证号 | 工种 | 证件编号 | 发证机关 | 发证日期 | 有效期至年月 |
| | | | | | | | | |
| | | | | | | | | |
| | | | | | | | | |
| | | | | | | | | |
| | | | | | | | | |
| | | | | | | | | |
| | | | | | | | | |
| | | | | | | | | |
| | | | | | | | | |
| | | | | | | | | |
| | | | | | | | | |

总包项目部审查意见：

安全部门负责人（签字）：

年    月    日

监理单位复核意见：

经复核，符合要求，同意上岗（    ）

经复核，不符合要求，不同意上岗（    ）

监理工程师（签字）：

年    月    日

注：本表由施工单位填报，监理单位、施工单位各存一份。

## 17. 用火作业审批表（表7-16）

表7-16

| 用火作业审批表 | | | 编号 | |
|---|---|---|---|---|
| 工程名称： | | 施工单位： | | |
| 申请用火单位 | | 用火班组 | | |
| 用火部位 | | 用火作业级别及种类<br>（用火、气焊、电焊等） | | |
| 用火作业<br>起止时间 | 由 | 年　月　日 | 时 | 分起 |
| | 至 | 年　月　日 | 时 | 分止 |
| 用火原因、防火的主要安全措施和配备的消防器材： | | | | |
| | | | | |
| 看火人员： | | 申请人： | | 年　月　日 |
| 审批意见： | | | | |
| | | | | |
| | | 审批人签名： | | 年　月　日 |

注：1. 本表由施工单位填写。

2. 用火证当日有效，变换用火部位时应重新申请。

18. 验收表

落地式（或悬挑）脚手架搭设验收表（表7-17）

表 7-17

| 落地式（或悬挑）脚手架搭设验收表 | | | 编号 | |
|---|---|---|---|---|
| 工程名称 | | | 总包单位 | |
| 作业队伍 | | | 负责人 | |
| 验收部位 | | | 搭设高度 | |
| 验收时间 | | | | |
| 序号 | 检查项目 | 检查内容 | | 验收结果 |
| 1 | 施工方案 | 符合JGJ—130规范要求 | | |
| | | 悬挑式脚手架和高度20m以上的落地式脚手架搭设前必须编制安全专项施工方案，附设计计算书，审批手续齐全。搭设前需有技术交底。特殊脚手架应有专家论证 | | |
| 2 | 立杆基础 | 脚手架基础必须平整坚实，有排水措施，架体必须支搭在底座（托）或通长脚手板上。纵、横向扫地杆应符合要求 | | |
| 3 | 钢管、扣件要求 | 钢管、扣件有复试验测报告。应采用外径48～51mm，壁厚3～3.5mm的钢管 | | |
| | | 钢管无裂纹、弯曲、压扁、锈蚀 | | |
| 4 | 架体与建筑结构拉结 | 脚手架必须按楼层与结构拉结牢固，拉结点垂直、水平距离符合要求，拉结必须使用刚性材料。20m以上的高大脚手架须有卸荷措施 | | |
| 5 | 剪刀撑设置 | 脚手架必须设置连续剪刀撑，宽度及角度符合要求。搭接方式应符合规范要求 | | |
| 6 | 立杆、大横杆、小横杆的设置要求 | 立杆间距应符合要求；立杆对接必须符合要求 | | |
| | | 大横杆宜设置在立杆内侧，其间距及固定方式应符合要求；对接须符合有关规定 | | |
| | | 小横杆的间距、固定方式、搭接方式等应符合要求 | | |
| 7 | 脚手板及密目网的设置 | 操作面脚手板铺设必须符合规范要求。操作面护身栏杆和挡脚板的设置符合要求。操作面下方净空超3m时须设一道水平网。架体须用密目网沿内侧进行封闭，并固定牢固 | | |
| 8 | 悬挑设置情况 | 悬挑梁设置应符合设计要求；外挑杆件与建筑结构连接牢固；悬挑梁无变形；立杆底部应固定牢固 | | |
| 9 | 其他 | 卸料平台、泵管、缆风绳等不能固定在脚手架上；脚手架与外电架空线之间的距离应符合规范要求，特殊情况须采取防护措施；马道搭设符合要求；门洞口的搭设符合要求 | | |
| 10 | 其他增加的验收项目 | | | |
| 11 | 验收结论： | | | |
| 验收人签名 | 项目技术负责人 | 搭设单位负责人 | | 其他验收人员 |
| | | | | |
| 监理单位意见： | | | | |
| 监理工程师：          年  月  日 | | | | |

注：本表由施工单位填报，监理单位、施工单位各存一份。

## 施工现场临时用电验收表（表7-18）

表 **7-18**

| 施工现场临时用电验收表 | | | 编号 | |
|---|---|---|---|---|
| 工程名称 | | | 总包单位 | |
| 临时用电工程 | | | 作业电工 | |
| 序号 | 检查项目 | 检查内容 | | |
| 1 | 施工组织方案 | 用电设备5台以上或设备总容量在50kW以上者，应编制临时用电施工组织设计 | | |
| 2 | 外电防护 | 小于安全距离时应有安全防护措施；防护措施应符合要求 | | |
| 3 | 接地与接零保护系统 | 应采用TN-S系统供电；重复接地符合要求，其电阻值应不大于10Ω；各种电气设备和施工机械的金属外壳、金属支架和底座必须按规定采取可靠的接零或接地保护 | | |
| 4 | 三级配电 | 配电室的设置应符合要求；现场实行三级配电，总配电箱应装设电压表、总电流表、总电度表及其他仪表；总配电箱的电器应具备电源隔离，正常接通与分断电路，以及短路、过载、漏电保护功能。分配电箱应设总开关和分开关，总开关应采用自动空气开关（具有可见分断点），分开关可采用漏电开关或刀闸开关并备熔断器。开关箱内须安装断路器（具有可见分断点）或熔断器，以及漏电保护器 | | |
| 5 | 漏电保护器 | 须实行两级漏电保护；严格实行"一机、一闸、一漏、一箱"；漏电保护装置应灵敏、有效，参数应匹配；在总、分配电箱上安装的漏电保护开关的漏电动作电流应为50至100mA，开关箱必须装漏电保护器，其额定漏电动作电流不大于30mA，额定漏电动作时间0.1s | | |
| 6 | 配电箱设置 | 配电箱安装位置应符合要求，箱体应采用铁板或优质绝缘材料制作，不得使用木质材料制作，箱体应牢固、防雨；箱内电器安装板应为绝缘材料；金属箱体等不带电的金属体必须作保护接零；进线口和出线口应在箱体的下面，并加护套保护；工作零线、保护零线应分设接线端子板，并通过端子板接线；箱内接线应采用绝缘导线，接头不得松动，不得有带电体明露；闸具、熔断器参数与设备容量应匹配，安装应符合要求；不得用其他导线替代熔丝；箱内应设有线路图 | | |
| 7 | 配电线路 | 电缆架设或埋设符合规定要求；须使用五芯线电缆，电缆完好，无老化、破皮现象。 | | |
| 8 | 其他 | 照明灯具金属外壳须作保护接零，使用行灯和低压照明灯具，其电源电压不应超过36V；行灯和低压灯的变压器应装设在电箱内，符合户外电气安装要求；交流电焊机须装设专用防触电保护装置、电焊把线应双线到位、电缆线应绝缘无破损 | | |
| 9 | 其他增加的验收项目 | | | |
| 10 | 验收结论： | | | |
| 验收人签名 | 总包单位 | 分包单位 | | 作业队伍 |
| | | | | |

## 塔式起重机安装完毕验收记录（表 7-19）

表 **7-19**

| 工程名称 | | | | | 施工单位 | | | |
|---|---|---|---|---|---|---|---|---|
| 施工地点 | | | | | 安装负责人 | | | |
| 塔式起重机 | 型号 | | 设备编号 | | | 起升高度 | | (m) |
| | 幅度 | (m) | 起重力矩 | (t/m) | | 最大起重量 | | (t) |
| | 中心压重重量 | (t) | 平衡重重量 | (t) | | 臂端起重量（2/4 绳） | | (t) |
| 项目 | 内容和要求 | | | | | | | 结果 |
| 塔式结构 | 部件、附件、联结件安装是否齐全、位置是否正确 | | | | | | | |
| | 螺栓拧紧力矩是否达到技术要求，开口销是否完全撬开 | | | | | | | |
| | 结构是否有变形、开焊、疲劳裂纹 | | | | | | | |
| | 压重、配重重量、位置是否达到说明书要求 | | | | | | | |
| 绳轮钩系统 | 钢丝绳在卷筒上面缠绕是否整齐、润滑是否良好 | | | | | | | |
| | 钢丝绳规格是否正确，断丝和磨损是否达到报废标准 | | | | | | | |
| | 钢丝绳固定和编播是否符合国家标准 | | | | | | | |
| | 各部位滑轮运动是否灵活、可靠、有无卡塞现象 | | | | | | | |
| | 吊钩磨损是否达到报废标准、保险装置是否可靠 | | | | | | | |
| 传统系统 | 各机构转动是否平稳、有无异常响声 | | | | | | | |
| | 各润滑点是否润滑良好、润滑油牌号是否正确 | | | | | | | |
| | 制动器、离合器动作是否灵活、可靠 | | | | | | | |
| 电气系统 | 电缆供电系统是否充分、正常工作、电压 380±5% | | | | | | | |
| | 炭刷、接触器、继电器触点是否良好 | | | | | | | |
| | 仪表、照明、报警系统是否完好、可靠 | | | | | | | |
| | 控制、操纵装置动作是否灵活、可靠 | | | | | | | |
| | 电气各种完全保护装置是否齐全、可靠 | | | | | | | |
| | 电气系统对塔吊绝缘电阻大于 0.5MΩ | | | | | | | |
| 安全限位和保险装置 | 力矩限制器是否灵敏、可靠、其综合误差不大于定额值的 8% | | | | | | | |
| | 重量限制器是否灵敏、可靠、其误差不大于定额值的 5% | | | | | | | |
| | 回转限位器是否灵敏、可靠 | | | | | | | |
| | 行走限位器是否灵敏、可靠 | | | | | | | |
| | 变幅限位器是否灵敏、可靠 | | | | | | | |
| | 超高限位器是否灵敏、可靠 | | | | | | | |
| | 吊钩保险是否灵敏、可靠 | | | | | | | |
| | 卷筒保险是否灵敏、可靠 | | | | | | | |
| 路基复验 | 复查路基资料是否齐全、正确 | | | | | | | |
| | 钢轨顶面纵、横方向上的倾斜度不大于 5‰ | | | | | | | |
| | 塔身对支承垂直度小于等于 4‰ | | | | | | | |
| | 止挡装置距钢轻两端距离 大于等于 1m | | | | | | | |
| | 行走限位器置距止挡装置距离 大于等于 1.5m | | | | | | | |
| 试运行 | 空载荷 | | 额定载荷 | | 超载 10%动载 | | 超载 25%动载 | |
| | | | 幅度 | 重量 | 幅度 | 重量 | 幅度 | 重量 |
| | 检查各传动机构工作是否准备、平稳，有无异声音，液压系统是否渗漏。操纵和控制系统是否灵敏可靠，钢结构是否有永久变形和开焊，制动器是否可靠。调整安全装置并进行不少于 3 次的检测 | | | | | | | |
| 验收结论 | | | | | | | 安装单位（盖章） | |
| 验收人签字 | 安装单位 | 质量检查员：拆换负责人： | | | | 安全员：技术负责人： | | |
| | 设备租赁（或产权）单位 | 单位负责人： | | | | 塔吊机长： | | |

说明："试运行"栏中"超载 25%动载"，只在新塔吊和大修后第一次安装时做。

## 北京市施工升降机安装完毕验收记录（表7-20）

表 **7-20**

年　月　日

| 安装单位 | | | | （盖章） |
|---|---|---|---|---|
| 施工地点 | | | 工程名称 | |
| 施工单位 | | | 统一编号 | |
| 型号 | | | 安装高度 | |
| 最大载重量 | | | 安装负责人 | |
| 结构名称 | | 验收内容和标准要求 | | |
| 金属结构 | 零部件是否齐全，安装是否符合产品说明书要求 | | | 结论 |
| | 结构有无变形、开焊、裂纹、破损等问题 | | | |
| | 联结螺栓和拧紧力矩是否符合产品说明书要求 | | | |
| | 相邻标准节的立管对接处的错位阶差不大于0.8mm | | | |
| | 对重安装是否符合产品说明书要求 | | | |
| | 导轨架对底座水平基准面的垂直度是多少（是否符合国家标准） | | | |
| 电器及控制系统 | 电线、电缆有无破损，供电电压380±5% | | | |
| | 接地是否符合技术要求，接地电阻是否小于4Ω | | | |
| | 电机及电气元件（电子元器件部分除外）的对地缘电阻应≥0.5MΩ，电气线路的对地缘电阻应≥1MΩ | | | |
| | 仪表、照明、电笛是否完好有效 | | | |
| | 操纵装置动作是否灵敏可靠 | | | |
| | 是否配备专门的供电电源箱 | | | |
| 绳轮系统 | 钢丝绳的规格是否正确，是否达到报废标准 | | | |
| | 滑轮、轮滑组在运行中有无卡塞，润滑是否良好 | | | |
| | 滑轮、滑轮组的防绳脱槽装置是否有效、可靠 | | | |
| | 钢丝绳的固定方式是否符合国家标准 | | | |
| | 卷扬机传动时，应有排绳措施，润滑是否良好（对SS型） | | | |
| 导轨架附着 | 附着联结方式及紧固是否符合产品说明书要求 | | | |
| | 最上一道附着以上自由高度是多少（说明要求　m） | | | |
| | 附着架的间距是多少（说明书要求　m） | | | |
| 安全装置 | 吊笼门的机电、联锁装置是否灵敏、可靠 | | | |
| | 吊笼顶部活板门安全开关是否灵敏、可靠 | | | |
| | 基础防护围栏门的机、电联锁装置是否灵敏可靠 | | | |
| | 防坠安全器（即限速器）的上次标定时间（是否符合国家标准） | | | |
| | 吊笼的安全钩是否可靠（对SC型） | | | |
| | 上、下限位开关是否灵敏、可靠 | | | |
| | 上、下极限开关是否灵敏、可靠 | | | |
| | 急停开关是否灵敏、可靠 | | | |
| | 防松（断）强保护安全装置是否灵敏、可靠 | | | |
| | 安全标志（限载标志、危险警示、操作标识、操作规格）是否齐全 | | | |

续表

| 传动系统检查 | 各机构传动是否平稳，是否有漏油等异常现象，润滑是否良好 | | | |
|---|---|---|---|---|
| | 齿轮与齿条的啮合侧隙应为 0.2～0.5mm（对 SC 型） | | | |
| | 相对两齿条的对接处沿齿高方向的附差不大于 0.3mm（对 SC 型） | | | |
| | 滚轮与导轨架立管的间隙是否符合产品说明书要求 | | | |
| | 齿轮齿的磨损是否符合产品说明书要求 | | | |
| | 靠背轮与齿条背面的间隙是否符合产品说明书要求 | | | |
| 试运行 | 空载荷 | 额定载荷 | 超载 25％动载 | |
| | | | | |
| | 双笼升降机应该分别进行空载荷和额定载荷试运行，试验应符合起、制动正常，运行平稳，无异常现象 | | | |
| 坠落实验 | 吊笼制动停止后：结构及联接应无任何损坏及永久变形、制动距离是多少（是否符合国家标准） | | | |

验收结论：

（安装单位盖章）      年　月　日

| 验收责任人签字 | 安装单位 | 质量检查员：　　　　　　　安全员： |
|---|---|---|
| | | 拆装负责人：　　　　　　　技术负责人： |
| | 设备租赁（或产权）单位 | 单位负责人：　　　　　　　外梯机长： |

注：新安装的施工升降机及在用的施工升降机至少每三个月进行一次额定载荷的坠落实验；只有新安装及大修后的施工升降机才做"超25％动载"试运行。

## 19. 自制表格（表 7-21）

**电气焊工安全操作确认单**　　　　　　　　　　　　　　　　　　　　　　　表 7-21

日期：　　　　　　　操作人：　　　　　　　看火人：

动火地点：　　　　　　施工单位：　　　　　　　　　　　动火时间段：

| 序号 | 检查项 | 安全状态 | | 说明 |
|---|---|---|---|---|
| 1 | 是否开具动火证 | □ | □ | 不存在□ |
| 2 | 持有效证件（操作证、上岗证） | □ | □ | 不存在□ |
| 3 | 氧气瓶与乙炔瓶之间的距离大于 5m；瓶与动火点的距离大于 10m | □ | □ | 不存在□ |
| 4 | 乙炔的安全回火装置是否安装；仪表是否完好 | □ | □ | 不存在□ |
| 5 | 黑色皮管接乙炔气瓶；红色或绿色接氧气瓶 | □ | □ | 不存在□ |
| 6 | 乙炔瓶必须竖立放置，气瓶应有防倾倒措施 | □ | □ | 不存在□ |
| 7 | 气瓶要有防震圈、防震帽 | □ | □ | 不存在□ |
| 8 | 个人防护用品佩带情况（绝缘鞋、绝缘手套、面罩、防护服等） | □ | □ | 不存在□ |
| 9 | 是否存在交叉作业（稀料、涂漆、防水施工等） | □ | □ | 不存在□ |
| 10 | 周围及上下易燃物清理 | □ | □ | 不存在□ |
| 11 | 合格的灭火器材（防火布、石棉布、接火盆、水桶、灭火器等），接火措施要严密（特别是空洞临边位置）。 | □ | □ | 不存在□ |
| 12 | 看火人是否到位，佩戴袖标，是否在落火点 | □ | □ | 不存在□ |
| 13 | 看火人是否培训持证上岗 | □ | □ | 不存在□ |
| 14 | 动火地点和时间与动火证上的地点和时间是否一致 | □ | □ | 不存在□ |
| 15 | 电焊机二次线双线到位（严禁使用架子管、钢筋等金属做地线）且不大于 30m，一次线小于 5m。无破损裸露，老化现象 | □ | □ | 不存在□ |
| 16 | 具有二次保护的焊机专用箱 | □ | □ | 不存在□ |
| 17 | 焊机一、二次防护罩完好，接线牢固规范（铜鼻子，保护零线） | □ | □ | 不存在□ |
| 18 | 气瓶是否有漏气现象 | □ | □ | 不存在□ |
| 19 | 针对性的安全技术交底 | □ | □ | 不存在□ |
| 20 | 是否达到三级配电逐级保护，漏电保护是否灵敏 | □ | □ | 不存在□ |
| 21 | 高处作业是否佩戴安全带 | □ | □ | 不存在□ |
| 22 | 室外恶劣天气禁止施工（雨、雪、风等天气） | □ | □ | 不存在□ |
| 23 | 防晒防冻防雨措施 | □ | □ | 不存在□ |
| 24 | 焊接用电设备浸在水中 | □ | □ | 不存在□ |
| 25 | 特殊部位采取特殊措施（如接水带等） | □ | □ | 不存在□ |
| 26 | 焊接设备气瓶放在车上使用 | □ | □ | 不存在□ |
| 27 | 焊机的一次线是否由专业电工接线 | □ | □ | 不存在□ |
| 28 | 因地点变换是否从新办理动火手续 | □ | □ | 不存在□ |
| 29 | 气瓶是否有检验合格证 | □ | □ | 不存在□ |
| 30 | 电焊机工作时是否存在过载发热现象 | □ | □ | 不存在□ |
| 31 | 施工完毕必须切断电源和气源无安全隐患方可离开 | □ | □ | 不存在□ |
| | 是否同意施工 | □ | | □ |
| | 确认人：分包安全员，分包工长，操作人<br>总包安全员，总负责任师，看火人 | | | |

# 八、安全检查与验收

安全检查制度是安全管理中一项非常重要的工作，也是一项需要长期坚持的基础工作，通过安全检查可以及时发现施工过程中的安全隐患，采取有效措施，避免发生安全事故。

## 一、检查类型主要有以下方式

（1）安全文明施工联合大检查：

每周由监理、总包工程部组织相关部门（安全部、工程部、物资部、综合办）以及各分包单位的生产经理、安全人员参加的文明安全施工联合大检查。

（2）日常安全巡检：

由安全部组织各分包单位安全员每天对现场进行安全巡检，10 点钟在安全部召开安全例会，对所发现的问题进行及时整改。

（3）专业检查：临电、机械、架子等。

## 二、安全检查的组织形式

安全检查由经理部现场经理带队，工程部组织，按专业分工定人定项检查。

## 三、安全检查内容和目的

检查内容：安全内业管理、现场防护、临时用电、机械安全、个人劳动保护以及现场安全规章制度与劳动纪律的执行状况。

检查目的：纠正"三违"，消除隐患，杜绝重大事故，保证和促进安全生产的顺利进行。

## 四、检查要求：边检查边整改

（1）做好记录，发现安全隐患签发隐患整改通知单，做到定人、定限改时间、定整改措施。由签发人和受检单位负责人分别签字，一式两份受检单位按项整改，检查人员留存一份以备复查和存档统计。

（2）检查中发现重大隐患或存在危及人身安全的事故苗头，检查人员要立即停止危险区域的继续作业或设施设备的继续使用，并签发书面停工指令给工程部负责人，由工程部负责人指定专人监护并在限定时间内立即组织整改。

安全检查评定标准统一使用《建筑施工安全检查标准》评分表或当地《施工现场安全

检查》评分表。

安全验收制度是对搭设安装好的设备设施在使用前，组织相关人员，按照施工方案和标准要求，进行验收把关的一项非常重要的工作。可以有效防止安全事故的发生。

**一、验收范围**

1. 安全技术方案实施过程。

2. 脚手杆、扣件、脚手板、安全网、安全帽、安全带、漏电保护器、临时用电供电电缆线、临时供电用配电箱以及其他个人防护用品。

3. 普通脚手架、满堂红架子、支搭安全网、各种平台马道架子，上下通行坡道架子、斜梯、护头棚。

4. 高大脚手架、悬挑外架、吊篮架。

5. 各种起重机械、施工用电梯。

6. 起重机各种大型机械设备设施基础。

7. 临时用电工程及电气设备。

8. 木工、钢筋等加工制作场所、机械布置及防护设施、装置。

**二、验收程序及要求**

1. 安全技术方案实施过程的验收：

（1）安全部对一般安全技术方案或措施实施过程中的监督与验收，并对重大安全技术措施或施工工序负责检查、预控和把关。

（2）安全技术措施与方案验收采用验收表，并如实填写验收时的检测数值。

（3）安全技术措施与方案验收，必须由方案、措施的编制人员负责组织。项目部安全部、工程部、实施单位共同参加。

（4）普通脚手架可由分包自己组织验收，并填写相应验收表，验收表可自己保存。

（5）高大脚手架、特殊架子由工程部验收，区域责任工程师组织支搭班组、技术部、安全部人员参加，并填写相应验收表。

（6）施工用塔吊的安、拆、使用，应由具有相应资质的租赁单位完成。

（7）施工用外用电梯的安、拆、使用，应由具有相应资质的租赁单位完成。

（8）重要劳动防护用品及护具，项目物资部门采购合格厂家的产品并进行验收。安全部将定期对现场使用中的劳动防护用品、护具抽样检测。

2. 现场临时用电验收：

（1）临时用电工程的验收，工程项目技术负责人组织，由项目电气责任人、方案制定人、责任工程师参加，经验收合格后方可使用，并报安全部备案。

（2）现场临时用电的直接管理部门为项目工程部，安全部进行监督指导。

（3）现场施工机械的直接管理部门为工程部。工程部组织本部门责任师、技术部、安全部、分包队伍安全人员、机械管理人员对木工、钢筋等集中加工制作场所、机械布置及防护设施、装置进行验收，并填写相应验收表。

（4）所有验收都必须办理书面签字手续。

（5）工程项目技术负责人和安全、机械管理人员对施工过程中的安全技术管理工作应进行经常性的检查和监督，凡发现无措施、无交底、无验收而进行施工的单位和人员立即责令其停止施工，待方案、手续齐备后方可批准施工。

# 九、安全文明绿色施工标准化

安全文明绿色施工管理是项目的一个窗口，反映项目的综合管理水平。它是由项目工程部、安全部、物资部、办公室等多部门共同协作才能实现。涉及面广包括安全防护、环境保护、机械安全、脚手架、施工用电、塔吊起重吊装、现场料具、消防保卫八个方面。其中安全防护、机械安全、脚手架和施工用电在前几章已讲过不再赘述；下面将对环境保护、塔吊起重吊装、现场料具、消防保卫进行阐述。

1. 环境保护（图 9-1～图 9-7）
2. 生活区（图 9-8～图 9-17）
3. 现场、料具管理（图 9-18～图 9-29）
4. 塔式起重机、起重吊装（图 9-30～图 9-36）

(a)　　　　　　　　　　　　　(b)

图 9-1　降尘洒水

(a)　　　　　　　　　　　　　(b)

图 9-2　车辆冲洗设备

(a)　　　　　　　　　　　　　　　(b)

图 9-3　黄土覆盖（防尘网、沙石）

图 9-4　道路硬化　　　　　　　　　图 9-5　噪声防护棚

图 9-6　作业面干净整齐　　　　　　图 9-7　临时垃圾池

(a)　　　　　　　　　　　　　　　　(b)

图 9-8　制度、许可证、健康证

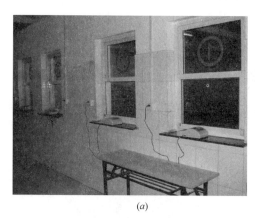
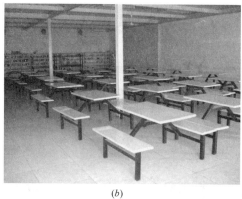

(a)　　　　　　　　　　　　　　　　(b)

图 9-9　食堂

(a)　　　　　　　　　　　　　　　　(b)

图 9-10　碗柜

图 9-11 热水器

图 9-12 保温桶

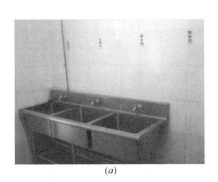

(a)

(b)

图 9-13 清洗池

图 9-14 制度

图 9-15 密闭式垃圾池

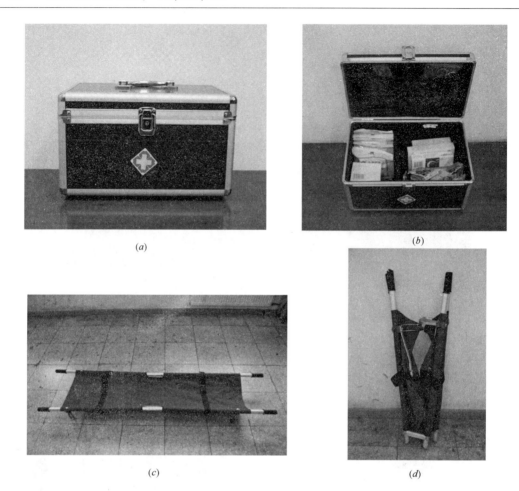

图 9-16　急救药箱及担架

图 9-17　生活区（一）

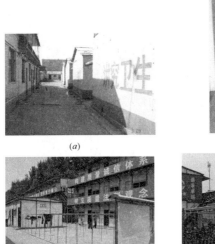

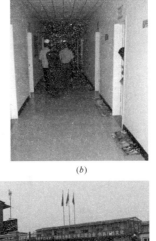

(a)         (b)

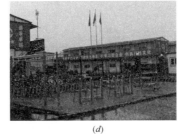

(c)         (d)

图 9-17　生活区（二）

图 9-18　现场大门        图 9-19　场内道路

图 9-20　规章制度板       图 9-21　安全提示板

图 9-22 办公区

图 9-23 施工区

(a)

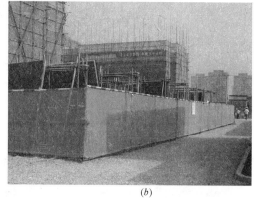

(b)

图 9-24 模板堆放区

(a)

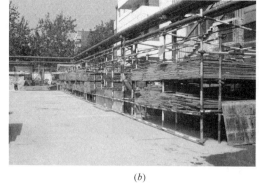

(b)

图 9-25 材料码放整齐（一）

(c)

(d)

图 9-25 材料码放整齐（二）

图 9-26 临时垃圾池

图 9-27 临时厕所

图 9-28 施工现场（一）

图 9-29 施工现场（二）

图 9-30　吊装区

图 9-31　专用吊斗

图 9-32　专用吊笼

图 9-33　设备围护区

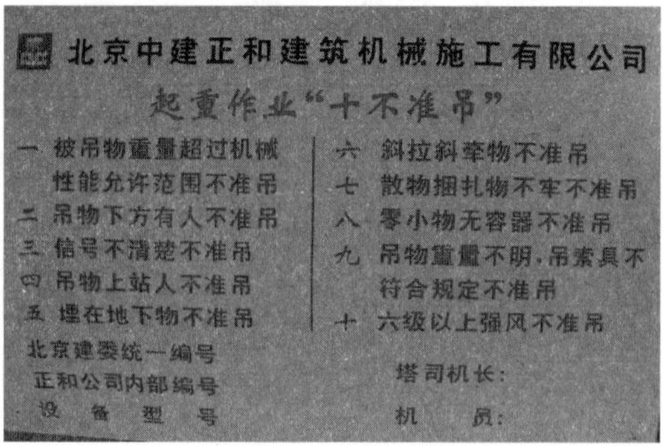

图 9-34　起重作业注意事项

图 9-35　起重吊装（一）

图 9-36　起重吊装（二）

5. 消防保卫（图 9-37～图 9-43）

6. 环保节能（图 9-44～图 9-49）

（a）

（b）

图 9-37　消防设施

（a）

（b）

图 9-38　消防巡视员

(a)　　　　　　　　　　(b)

图 9-39　消防演练

图 9-40　易燃物存放　　　　　　　图 9-41　灭火毯

(a)　　　　　　　　　　(b)

图 9-42　消防安全教育

(a)

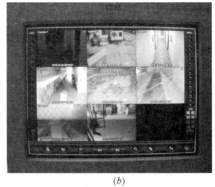

(b)

图 9-43　监控系统

图 9-44　声控楼梯照明

图 9-45　太阳能路灯

图 9-46　室内 LED 灯照明

图 9-47　太阳能充电器

图 9-48　雨水收集系统

图 9-49　LED 警示灯

# 十、制式安全防护设施

  制式安全防护设施是安全管理标准化的一个具体体现，它正在替代传统的做法，目前建筑施工企业逐步在施工现场使用，有专门的制作厂家，集设计、制造、安装、策划为一体。制式安全防护设施制作规范、安全可靠，可重复使用，降低成本、外形美观符合企业CI要求，使企业品牌更具竞争力，是企业发展和安全发展的需要。各建筑企业或地方建设主管部门相继出台了《施工现场安全防护标准化图集或手册》以提高施工现场安全管理水平。下面拍摄的图片是一些施工现场在制式防护设施方面做得一些具体实物照片，供大家参考学习（图10-1～图10-25）。

图 10-1　组合式安全通道

图 10-2　设备防护棚

图 10-3　组合式堆料架

图 10-4　组合式临边防护

图 10-5　组合式楼梯防护

图 10-6　组合式马道

图 10-7　电梯井防护门

图 10-8　洞口防护

图 10-9　吸烟室及休息室

图 10-10　教育讲台

图 10-11 镝灯架

图 10-12 外用电梯防护棚及楼层防护门

图 10-13 氧气乙炔运输小车

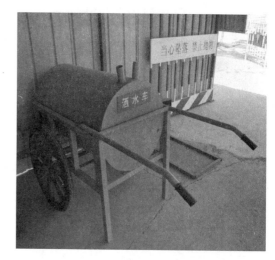

图 10-14 自制洒水车

图 10-15 电焊机吊笼

图 10-16 切割机防护罩

图 10-17　电箱防护棚

图 10-18　危险物品仓库

图 10-19　各种防护用具展示

图 10-20　塔吊防攀爬围护栏

图 10-21　塔吊附墙操作平台

图 10-22　楼内移动式厕所

图 10-23　挑架底部及主路喷洒降尘系统

图 10-24　组合式办公楼及预制路面

图 10-25　车辆冲洗装置

# 十一、安全管理信息化

安全管理信息化就是通过人们普遍使用的计算机这个便利工具，借用发达的网络系统，建立安全管理信息平台，实现资源浏览、查询、上传、下载、录入、打印等诸多功能。

特别是现代建筑施工企业，由于公司总部与工程项目离散度大，不在同一个省市或地区，不便于管理，特别是跨国参与工程建设，加大了公司对工程项目的管控难度，如何及时做到对项目进行指导帮助监管，是摆在我们面前的一个难题，通过建立安全管理网络信息平台，能解决大部分问题。如信息的上传下达，数据的传输，图片影音资料的传递，召开视频会议等。也可实现资源共享，达到共同提高现场安全管理水平。

建立安全信息数据库，在总部与项目之间建立起沟通的桥梁，达到数据共享，有助安全管理的提高。

## 一、安全信息数据库主要内容应包括如下内容：

1. 安全法律法规、安全技术标准数据库。
2. 各地区安全资料样板数据库。
3. 安全系统人员数据库——通讯录。
4. 现场影像资料数据库包括：各项目施工现场各种安全隐患问题图片；各项目部安全文明施工方面优秀做法的影响资料。
5. 安全教育课件数据库。
6. 安全事故案例数据库。
7. 对外交流学习材料。
8. 职业健康环境保护。
9. 月度季度年度考核数据库。
10. 安全知识标语、标识数据库。
11. 安全方案数据库。
12. 隐患整改数据库。
13. 安全群、QQ 群、微信群。
14. 安全各类荣誉奖励数据库。
15. 项目概况数据库、进度照片数据库。
16. 防护标准化数据库（安全文明施工、绿色施工）。
17. 方案审核验收数据库。
18. 专业书籍（电子）数据库。
19. 国家、各省市地区政府网站安全管理相关网站数据库。

## 二、资料审核流程（图 11-1）

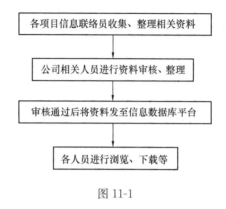

图 11-1

## 三、示意图（图 11-2）

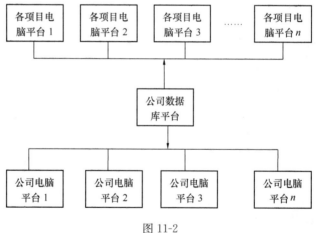

图 11-2

# 四、安全信息化数据库框架图（图11-3）

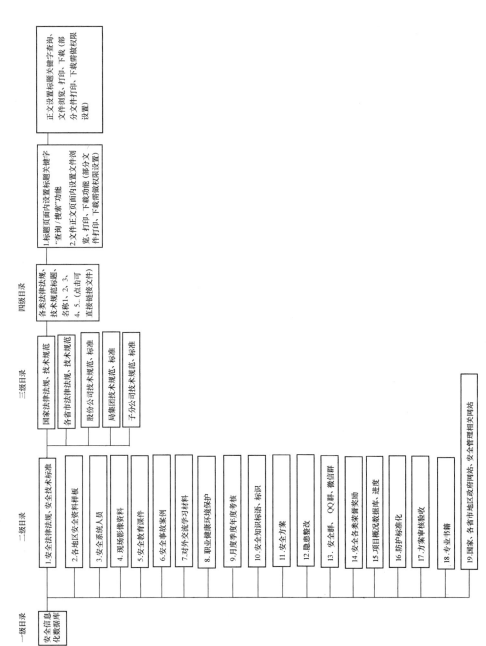

图11-3 安全信息化数据库框架图

# 十二、花园式工地

建筑施工现场给人们的印象是尘土飞扬，脏、乱、差，施工环境恶劣，造成很多安全隐患，易发生各类安全事故。因此很多人不愿从事建筑业，特别是年轻人。如何改变这种现状，国家和企业采取了许多措施，从国家的相关法律法规标准，职业健康环境管理体系等都有要求，为施工现场创造良好的施工环境，保障人身健康安全，提高施工现场安全文明施工水平。

比如各地都在积极组织创建区、市、省级安全文明工地活动（分达标工地、样板工地和观摩工地）和国家 AAA 级安全文明标准化工地，努力为施工人员创造良好安全的施工环境，提升施工现场管理水平及企业形象。形成了你追我赶的新局面，使整个建筑业现场施工管理水平有了较大的提升。如一些央企和地方建筑企业已走在了前面，通过引进、学习、消化、转变观念、落实。

花园式工地的出现，在以前是不可想象的，但目前在逐步得到认可。这是观念和认识的转变，也是企业发展和从业人员的需要。花园式工地顾名思义就是施工现场按照园林特色布置，创造良好的施工环境，减少安全隐患，施工人员健康得到保障，更人性化，具备园林和小区的一些功能，具体做法是在施工现场和办公区、生活区种草种花种树，黄土不露天，设置假山、路灯、垃圾桶、餐厅、道路硬化、喷洒降尘系统等。

1. 植树种花假山（图 12-1）
2. 道路硬化、覆盖（图 12-2）
3. 降尘喷洒系统（图 12-3）
4. 封闭垃圾池、棚（图 12-4）
5. 洗车池、移动厕所（图 12-5）

(a)

(b)

图 12-1　植树种花假山

(a)

(b)

图 12-2　道路硬化、覆盖

(a)

(b)

图 12-3　降尘喷洒系统

(a)

(b)

图 12-4　封闭垃圾池、棚

(a)　　　　　　　　　　　　(b)

图 12-5　洗车池、移动厕所

## 6. 休息厅、存车处（图 12-6）

(a)　　　　　　　　　　　　(b)

图 12-6　休息厅、存车处

## 7. 停车场（图 12-7）

(a)　　　　　　　　　　　　(b)

图 12-7　停车场

8. 安全体验区（图 12-8）

图 12-8　安全体验区

9. 活动锻炼区（图 12-9）

(a)　　　　　　　　　　　　　　　　　(b)

图 12-9　活动锻炼区

10. 吸烟室、休息亭（图 12-10）

图 12-10　吸烟室、休息亭

## 11. 晾衣区、食堂（图 12-11）

*(a)*                    *(b)*

图 12-11　晾衣区、食堂

## 12. 职工餐厅（图 12-12）

*(a)*                    *(b)*

图 12-12　职工餐厅

## 13. 浴室（图 12-13）

*(a)*                    *(b)*

图 12-13　浴室

14. 水房（图 12-14）

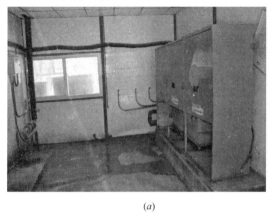

(a)　　　　　　　　　　　　　　　　　(b)

图 12-14　水房

15. 监控系统（图 12-15）

图 12-15　监控系统

# 十三、目视管理

所谓目视管理，即"一看便知"，如麦当劳核心标志"M"、商场的导向板；引入到现场安全管理就是使现场施工人员一目了然，明白什么意思，起到提示、告知和区分的作用。比如施工现场的安全提示板、安全色的使用、各种安全标识、卸料平台、特殊架子标识，文明施工责任区划分牌等都属于这个范围。

1. 各种标志标识（图 13-1～图 13-24）

图 13-1　新工人标识

图 13-2　绑腿

(a)

(b)

图 13-3　牵引绳

图 13-4　钢丝绳安全标识

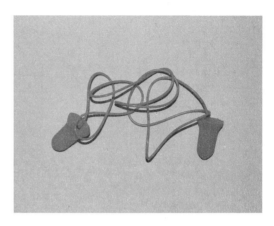

图 13-5　防噪耳塞

图 13-6　警戒线

图 13-7　电压标识

图 13-8　通道标识牌

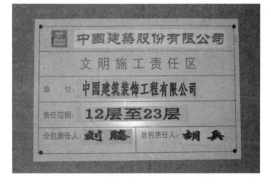

图 13-9　文明施工标识牌

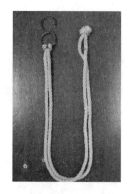

图 13-10    绝缘绳

图 13-11    安全标语

图 13-12    施工现场提示牌

图 13-13    道路指引牌

图 13-14    紧急救助电话

图 13-15    反光镜

图 13-16    消火栓标识牌

图 13-17 埋地电缆标识

图 13-18 导向牌

图 13-19 减速带

图 13-20 人、车分道及限高标识

(a)

(b)

图 13-21 临时围护

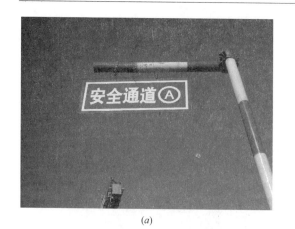

(a)　　　　　　　　　　　　　　　　　(b)

图 13-22　通道、场区标识牌

(a)　　　　　　　　　　　　　　　　　(b)

图 13-23　隔离栏、墩

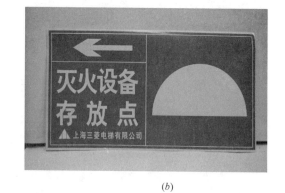

(a)　　　　　　　　　　　　　　　　　(b)

图 13-24　安全标识

2. 安全帽管理（图 13-25～图 13-29）

通过安全帽的颜色、编号，识别佩戴者的身份。

安全帽编号：例如：T-01-001

T——代表单位汉语拼音第一个大写字母；

01——代表分包班组；

001——代表个人。

白色安全帽——总分包管理人员；

黄色安全帽——现场操作人员；

蓝色安全帽——现场特种操作人员；

红色安全帽——现场安全监督人员。

(a)　　　　　　　　　　　　　　　　(b)

图 13-25　管理人员佩带的安全帽（白色）

(a)　　　　　　　　　　　　　　　　(b)

图 13-26　安全监督人员佩带的安全帽（红色）

(a)　　　　　　　　　　　　　　　　(b)

图 13-27　一般操作工人佩带的安全帽（黄色）

*(a)*                                  *(b)*

图 13-28    特殊工种人员佩带的安全帽（蓝色）

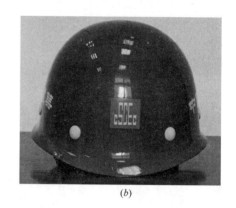

*(a)*                                  *(b)*

图 13-29    嘉宾佩带的安全帽（红色）

3. 袖标管理（图 13-30、图 13-31）

袖标一般是巡视检查人员佩戴。可分黄色和红色两种。黄色＋字，总包安全监督人员佩带；红色＋字，分包安全监督人员佩带。

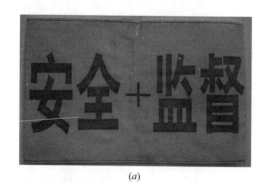

*(a)*                                  *(b)*

图 13-30    总包安全监管人员佩带

4. 证件管理（图 13-32～图 13-37）

施工现场车辆和人员流动性大，为了规范管理，保障安全，进入现场的人员和车辆必须办理出入证，现场作业人员必须办理安全资格上岗证、特殊工种操作证等。

(a)

(b)

(c)

(d)

图 13-31　分包安全监管人员佩带

图 13-32　总包车证（蓝色）

图 13-33　分包车证（黄色）

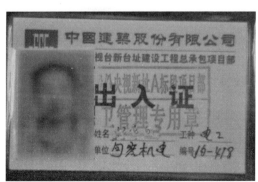

图 13-34　出入证（分包）

图 13-35　出入证（总包）

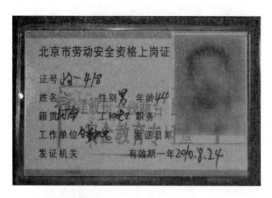

图 13-36 三级教育上岗证            图 13-37 特殊工种操作证

5. 安全色及安全标志牌

（1）安全色是表达安全信息含义的颜色，表示禁止、警告、指令、提示等，安全色规定为红、蓝、黄、绿四种颜色。

安全色的含义及用途          表 13-1

| 颜色 | 含　义 | 用　途　举　例 |
|------|--------|----------------|
| 红 色 | 禁　　止<br>停　　止 | 禁止标志<br>停止信号：机器、车辆上的紧急停止手柄或按钮，以及禁止人们触动的部位 |
| | 红色也表示防火 | |
| 蓝 色 | 指　　令<br>必须遵守的规定 | 指令标志：如必须佩戴个人防护用具，道路上指引车辆和行人行驶方向的指令 |
| 黄 色 | 警　　告<br>注　　意 | 警告标志<br>警戒标志：如厂内危险机器和坑池边周围的警戒线<br>行车道中线<br>机械上齿轮箱内部<br>安全帽 |
| 绿 色 | 提　示<br>安全状态<br>通　行 | 提示标志<br>车间内的安全通道<br>行人和车辆通行标志<br>消防设备和其他安全防护设备的位置 |

（2）安全标志分禁止标志、警告标志、指令标志和提示标志四大类型。

1）禁止标志的含义是：禁止人们不安全行为的图形标志。禁止标志的基本形式是带斜杠的圆边框，颜色为红色。

2）警告标志的基本含义是：提醒人们对周围环境引起注意，以避免可能发生危险的图形标志。警告标志的基本型式是正三角形边框，颜色为黄色。

3）指令标志的含义是强制人们必须做出某种动作或采用防范措施的图形标志。指令标志的基本型式是圆形边框，颜色为蓝色。

4）提示标志的含义是向人们提供某种信息（如标明安全设施或场所等）的图形标志。提示标志的基本型式是正方形边框，颜色为绿色。

| | | | |
|---|---|---|---|
| 禁止吸烟 | 禁止停留 | 禁止通行 | 禁止合闸 |
| 注意安全 | 当心触电 | 当心吊物 | 当心坠落 |
| 必须戴安全帽 | 必须戴防护眼镜 | 必须系安全带 | 必须穿防护鞋 |
| 紧急出口 | | 避险处 | 可动火区 |

图 13-38　安全标志

**6. 现场交通管理**

我国是发展中国家，全国都在开展建设。道路建设发展很快，各种车辆激增，给交通安全带来了很大的压力。由于车辆和驾驶人员的不安全行为，每年交通安全事故占各类安全事故总数比例很高，往往造成群死群伤，给人民和国家造成无法挽回的损失。

场内交通安全是施工现场安全管理的一个重要组成部分，施工现场进入车辆多，施工人员多，场地狭窄，同样存在安全隐患，如不加强管理就会发生安全事故。为了规范现场车辆和人员行走，避免发生交通安全事故。我们引进交通安全管理的一些做法，比如在现场地面画出车道线、斑马线、设置限速牌、减速带等，以此来规范车辆和行人，做到标准化、规范化和常态化，使车辆和施工人员各行其道，使场内交通安全得以保障。

（1）车道标线、斑马线（图 13-39）

图 13-39　车道标线、斑马线

（2）限速牌（图 13-40）

图 13-40　限速牌

（3）停车位标线（图 13-41）

(a)　　　　　　　　　　　　　　　　(b)

图 13-41　停车位标线

（4）减速带、限高标识（图 13-42）

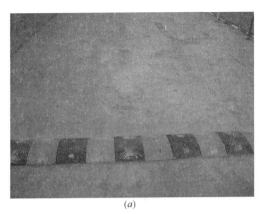

(a)　　　　　　　　　　　　(b)

图 13-42　减速带、限高标识

（5）反光镜（图 13-43）

（6）导向牌（图 13-44）

图 13-43　反光镜　　　　　　图 13-44　导向牌

（7）禁止停车线（图 13-45）

(a)　　　　　　　　　　　　(b)

图 13-45　禁止停车线

（8）专用停车标识牌（图 13-46）

*(a)*　　　　　　　　　　　　　　　*(b)*

图 13-46　专用停车标识牌

（9）临时隔离墩（图 13-47）

图 13-47　临时隔离墩

# 十四、国外现场安全管理介绍

　　2007 年笔者去日本建筑施工企业进行考察交流，收获颇多，感想也多。知道了差距，开阔了眼界，转变了观念。日本的建筑企业及建筑工地的安全管理给笔者留下了深刻的印象，对安全重视的程度很高，安全意识法律意识很强，施工现场干净整齐，防护（现场和个人）专业化，机械化程度高，文明施工做得好，理念新，值得我们学习和借鉴的东西很多。对我国建筑施工企业的现场安全管理文明施工有很大的帮助，下面是一些照片供大家参考学习（图 14-1～图 14-24）。

图 14-1　施工现场全景

图 14-2　施工大门外侧

图 14-3　临边防护栏

图 14-4　卫生设施

图 14-5　吊装作业区围护

图 14-6　拼装式爬梯

图 14-7　隔音布

图 14-8　立面防护到位

图 14-9　升降设备、人字梯

图 14-10　电梯防护门及楼层清扫设施

图 14-11　洞口防护及标识

图 14-12　高低差设临时踏步

图 14-13　组合式楼梯防护栏

图 14-14　紧绳器

图 14-15    索具（吊装钢丝绳）

图 14-16    临时停车场

图 14-17    办公楼及大门

图 14-18    分类垃圾桶

图 14-19    安全监督人员臂章

图 14-20    限速牌

图 14-21    清扫工具

图 14-22    现场分类垃圾箱

图 14-23　作业面安全通道

图 14-24　临时围护

# 十五、相关安全生产法律法规标准

1. 《安全生产法》—2014 版
2. 国务院关于进一步加强安全生产工作的决定
3. 建设部关于开展建筑施工安全质量标准化工作的指导意见
4. 《建筑施工安全检查标准》JGJ 59—2011
5. 《施工现场临时用电安全技术规范》JGJ 46—2005
6. 《建筑施工高处作业安全技术规范》JGJ 80—91
7. 《建筑施工扣件式钢管脚手架安全技术规范》JGJ 130—2011
8. 《施工企业安全生产评价标准》(JGJT 77—2003)
9. 住房城乡建设部办公厅关于开展建筑施工安全生产标准化考评工作的指导意见建办质〔2013〕11

# 国务院关于进一步加强安全生产工作的决定

国发〔2004〕2 号

各省、自治区、直辖市人民政府，国务院各部委、各直属机构：

　　安全生产关系人民群众的生命财产安全，关系改革发展和社会稳定大局。党中央、国务院高度重视安全生产工作，新中国成立以来特别是改革开放以来，采取了一系列重大举措加强安全生产工作。颁布实施了《中华人民共和国安全生产法》（以下简称《安全生产法》）等法律法规，明确了安全生产责任；初步建立了安全生产监管体系，安全生产监督管理得到加强；对重点行业和领域集中开展了安全生产专项整治，生产经营秩序和安全生产条件有所改善，安全生产状况总体上趋于稳定好转。但是，目前全国的安全生产形势依然严峻，煤矿、道路交通运输、建筑等领域伤亡事故多发的状况尚未根本扭转；安全生产基础比较薄弱，保障体系和机制不健全；部分地方和生产经营单位安全意识不强，责任不落实，投入不足；安全生产监督管理机构、队伍建设以及监管工作亟待加强。为了进一步加强安全生产工作，尽快实现我国安全生产局面的根本好转，特作如下决定。

## 一、提高认识，明确指导思想和奋斗目标

　　1. 充分认识安全生产工作的重要性。搞好安全生产工作，切实保障人民群众的生命财产安全，体现了最广大人民群众的根本利益，反映了先进生产力的发展要求和先进文化的前进方向。做好安全生产工作是全面建设小康社会、统筹经济社会全面发展的重要内容，是实施可持续发展战略的组成部分，是政府履行社会管理和市场监管职能的基本任务，是企业生存发展的基本要求。我国目前尚处于社会主义初级阶段，要实现安全生产状况的根本好转，必须付出持续不懈的努力。各地区、各部门要把安全生产作为一项长期艰巨的任务，警钟长鸣，常抓不懈，从全面贯彻落实"三个代表"重要思想，维护人民群众生命财产安全的高度，充分认识加强安全生产工作的重要意义和现实紧迫性，动员全社会力量，齐抓共管，全力推进。

　　2. 指导思想。认真贯彻"三个代表"重要思想，适应全面建设小康社会的要求和完善社会主义市场经济体制的新形势，坚持"安全第一、预防为主"的基本方针，进一步强化政府对安全生产工作的领导，大力推进安全生产各项工作，落实生产经营单位安全生产主体责任，加强安全生产监督管理；大力推进安全生产监管体制、安全生产法制和执法队伍"三项建设"，建立安全生产长效机制，实施科技兴安战略，积极采用先进的安全管理方法和安全生产技术，努力实现全国安全生产状况的根本好转。

　　3. 奋斗目标。到 2007 年，建立起较为完善的安全生产监管体系，全国安全生产状况稳定好转，矿山、危险化学品、建筑等重点行业和领域事故多发状况得到扭转，工矿企业

事故死亡人数、煤矿百万吨死亡率、道路交通运输万车死亡率等指标均有一定幅度的下降。到 2010 年，初步形成规范完善的安全生产法治秩序，全国安全生产状况明显好转，重特大事故得到有效遏制，各类生产安全事故和死亡人数有较大幅度的下降。力争到 2020 年，我国安全生产状况实现根本性好转，亿元国内生产总值死亡率、十万人死亡率等指标达到或者接近世界中等发达国家水平。

## 二、完善政策，大力推进安全生产各项工作

4. 加强产业政策的引导。制定和完善产业政策，调整和优化产业结构。逐步淘汰技术落后、浪费资源和环境污染严重的工艺技术、装备及不具备安全生产条件的企业。通过兼并、联合、重组等措施，积极发展跨区域、跨行业经营的大公司、大集团和大型生产供应基地，提高有安全生产保障企业的生产能力。

5. 加大政府对安全生产的投入。加强安全生产基础设施建设和支撑体系建设，加大对企业安全生产技术改造的支持力度。运用长期建设国债和预算内基本建设投资，支持大中型国有煤炭企业的安全生产技术改造。各级地方人民政府要重视安全生产基础设施建设资金的投入，并积极支持企业安全技术改造，对国家安排的安全生产专项资金，地方政府要加强监督管理，确保专款专用，并安排配套资金予以保障。

6. 深化安全生产专项整治。坚持把矿山、道路和水上交通运输、危险化学品、民用爆破器材和烟花爆竹、人员密集场所消防安全等方面的安全生产专项整治，作为整顿和规范社会主义市场经济秩序的一项重要任务，持续不懈地抓下去。继续关闭取缔非法和不具备安全生产条件的小矿小厂、经营网点，遏制低水平重复建设。开展公路货车超限超载治理，保障道路交通运输安全。把安全生产专项整治与依法落实生产经营单位安全生产保障制度、加强日常监督管理以及建立安全生产长效机制结合起来，确保整治工作取得实效。

7. 健全完善安全生产法制。对《安全生产法》确立的各项法律制度，要抓紧制定配套法规规章。认真做好各项安全生产技术规范、标准的制定修订工作。各地区要结合本地实际，制定和完善《安全生产法》配套实施办法和措施。加大安全生产法律法规的学习宣传和贯彻力度，普及安全生产法律知识，增强全民安全生产法制观念。

8. 建立生产安全应急救援体系。加快全国生产安全应急救援体系建设，尽快建立国家生产安全应急救援指挥中心，充分利用现有的应急救援资源，建设具有快速反应能力的专业化救援队伍，提高救援装备水平，增强生产安全事故的抢险救援能力。加强区域性生产安全应急救援基地建设。搞好重大危险源的普查登记，加强国家、省（区、市）、市（地）、县（市）四级重大危险源监控工作，建立应急救援预案和生产安全预警机制。

9. 加强安全生产科研和技术开发。加强安全生产科学学科建设，积极发展安全生产普通高等教育，培养和造就更多的安全生产科技和管理人才。加大科技投入力度，充分利用高等院校、科研机构、社会团体等安全生产科研资源，加强安全生产基础研究和应用研究。建立国家安全生产信息管理系统，提高安全生产信息统计的准确性、科学性和权威性。积极开展安全生产领域的国际交流与合作，加快先进的生产安全技术引进、消化、吸收和自主创新步伐。

## 三、强化管理，落实生产经营单位安全生产主体责任

10. 依法加强和改进生产经营单位安全管理。强化生产经营单位安全生产主体地位，进一步明确安全生产责任，全面落实安全保障的各项法律法规。生产经营单位要根据《安全生产法》等有关法律规定，设置安全生产管理机构或者配备专职（或兼职）安全生产管理人员。保证安全生产的必要投入，积极采用安全性能可靠的新技术、新工艺、新设备和新材料，不断改善安全生产条件。改进生产经营单位安全管理，积极采用职业安全健康管理体系认证、风险评估、安全评价等方法，落实各项安全防范措施，提高安全生产管理水平。

11. 开展安全质量标准化活动。制定和颁布重点行业、领域安全生产技术规范和安全生产质量工作标准，在全国所有工矿、商贸、交通运输、建筑施工等企业普遍开展安全质量标准化活动。企业生产流程的各环节、各岗位要建立严格的安全生产质量责任制。生产经营活动和行为，必须符合安全生产有关法律法规和安全生产技术规范的要求，做到规范化和标准化。

12. 搞好安全生产技术培训。加强安全生产培训工作，整合培训资源，完善培训网络，加大培训力度，提高培训质量。生产经营单位必须对所有从业人员进行必要的安全生产技术培训，其主要负责人及有关经营管理人员、重要工种人员必须按照有关法律、法规的规定，接受规范的安全生产培训，经考试合格，持证上岗。完善注册安全工程师考试、任职、考核制度。

13. 建立企业提取安全费用制度。为保证安全生产所需资金投入，形成企业安全生产投入的长效机制，借鉴煤矿提取安全费用的经验，在条件成熟后，逐步建立对高危行业生产企业提取安全费用制度。企业安全费用的提取，要根据地区和行业的特点，分别确定提取标准，由企业自行提取，专户储存，专项用于安全生产。

14. 依法加大生产经营单位对伤亡事故的经济赔偿。生产经营单位必须认真执行工伤保险制度，依法参加工伤保险，及时为从业人员缴纳保险费。同时，依据《安全生产法》等有关法律法规，向受到生产安全事故伤害的员工或家属支付赔偿金。进一步提高企业生产安全事故伤亡赔偿标准，建立企业负责人自觉保障安全投入，努力减少事故的机制。

## 四、完善制度，加强安全生产监督管理

15. 加强地方各级安全生产监管机构和执法队伍建设。县级以上各级地方人民政府要依照《安全生产法》的规定，建立健全安全生产监管机构，充实必要的人员，加强安全生产监管队伍建设，提高安全生产监管工作的权威，切实履行安全生产监管职能。完善煤矿安全生产监察体制，进一步加强煤矿安全生产监察队伍建设和监察执法工作。

16. 建立安全生产控制指标体系。要制订全国安全生产中长期发展规划，明确年度安全生产控制指标，建立全国和分省（区、市）的控制指标体系，对安全生产情况实行定量控制和考核。从 2004 年起，国家向各省（区、市）人民政府下达年度安全生产各项控制指标，并进行跟踪检查和监督考核。对各省（区、市）安全生产控制指标完成情况，国家

安全生产监督管理部门将通过新闻发布会、政府公告、简报等形式，每季度公布一次。

17. 建立安全生产行政许可制度。把安全生产纳入国家行政许可的范围，在各行业的行政许可制度中，把安全生产作为一项重要内容，从源头上制止不具备安全生产条件的企业进入市场。开办企业必须具备法律规定的安全生产条件，依法向政府有关部门申请、办理安全生产许可证，持证生产经营。新建、改建、扩建项目的安全设施必须与主体工程同时设计、同时施工、同时投入生产和使用（简称"三同时"），对未通过"三同时"审查的建设项目，有关部门不予办理行政许可手续，企业不准开工投产。

18. 建立企业安全生产风险抵押金制度。为强化生产经营单位的安全生产责任，各地区可结合实际，依法对矿山、道路交通运输、建筑施工、危险化学品、烟花爆竹等领域从事生产经营活动的企业，收取一定数额的安全生产风险抵押金，企业生产经营期间发生生产安全事故的，转作事故抢险救灾和善后处理所需资金。具体办法由国家安全生产监督管理部门会同财政部研究制定。

19. 强化安全生产监管监察行政执法。各级安全生产监管监察机构要增强执法意识，做到严格、公正、文明执法。依法对生产经营单位安全生产情况进行监督检查，指导督促生产经营单位建立健全安全生产责任制，落实各项防范措施。组织开展好企业安全评估，搞好分类指导和重点监管。对严重忽视安全生产的企业及其负责人或业主，要依法加大行政执法和经济处罚的力度。认真查处各类事故，坚持事故原因未查清不放过、责任人员未处理不放过、整改措施未落实不放过、有关人员未受到教育不放过的"四不放过"原则，不仅要追究事故直接责任人的责任，同时要追究有关负责人的领导责任。

20. 加强对小企业的安全生产监管。小企业是安全生产管理的薄弱环节，各地要高度重视小企业的安全生产工作，切实加强监督管理。从组织领导、工作机制和安全投入等方面入手，逐步探索出一套行之有效的监管办法。坚持寓监督管理于服务之中，积极为小企业提供安全技术、人才、政策咨询等方面的服务，加强检查指导，督促帮助小企业搞好安全生产。要重视解决小煤矿安全生产投入问题，对乡镇及个体煤矿，要严格监督其按照有关规定提取安全费用。

## 五、加强领导，形成齐抓共管的合力

21. 认真落实各级领导安全生产责任。地方各级人民政府要建立健全领导干部安全生产责任制，把安全生产作为干部政绩考核的重要内容，逐级抓好落实。特别要加强县乡两级领导干部安全生产责任制的落实。加强对地方领导干部的安全知识培训和安全生产监管人员的执法业务培训。国家组织对市（地）、县（市）两级政府分管安全生产工作的领导干部进行培训；各省（区、市）要对县级以上安全生产监管部门负责人，分期分批进行执法能力培训。依法严肃查处事故责任，对存在失职、渎职行为，或对事故发生负有领导责任的地方政府、企业领导人，要依照有关法律法规严格追究责任。严厉惩治安全生产领域的腐败现象和黑恶势力。

22. 构建全社会齐抓共管的安全生产工作格局。地方各级人民政府每季度至少召开一次安全生产例会，分析、部署、督促和检查本地区的安全生产工作；大力支持并帮助解决安全生产监管部门在行政执法中遇到的困难和问题。各级安全生产委员会及其办公室要积极发挥综合协调作用。安全生产综合监管及其他负有安全生产监督管理职责的部门要在政府的统一领导下，依照有关法律法规的规定，各负其责，密切配合，切实履行安全监管职能。各级工会、共青团组织要围绕安全生产，发挥各自优势，开展群众性安全生产活动。充分发挥各类协会、学会、中心等中介机构和社团组织的作用，构建信息、法律、技术装备、宣传教育、培训和应急救援等安全生产支撑体系。强化社会监督、群众监督和新闻媒体监督，丰富全国"安全生产月"、"安全生产万里行"等活动内容，努力构建"政府统一领导、部门依法监管、企业全面负责、群众参与监督、全社会广泛支持"的安全生产工作格局。

23. 做好宣传教育和舆论引导工作。把安全生产宣传教育纳入宣传思想工作的总体布局，坚持正确的舆论导向，大力宣传党和国家安全生产方针政策、法律法规和加强安全生产工作的重大举措，宣传安全生产工作的先进典型和经验；对严重忽视安全生产、导致重特大事故发生的典型事例要予以曝光。在大中专院校和中小学开设安全知识课程，提高青少年在道路交通、消防、城市燃气等方面的识灾和防灾能力。通过广泛深入的宣传教育，不断增强群众依法自我安全保护的意识。

各地区、各部门和各单位要加强调查研究，注意发现安全生产工作中出现的新情况，研究新问题，推进安全生产理论、监管体制和机制、监管方式和手段、安全科技、安全文化等方面的创新，不断增强安全生产工作的针对性和实效性，努力开创我国安全生产工作的新局面，为完善社会主义市场经济体制，实现党的十六大提出的全面建设小康社会的宏伟目标创造安全稳定的环境。

国务院
二〇〇四年一月九日

# 建设部关于开展建筑施工安全质量
# 标准化工作的指导意见

建质 [2005] 232 号

各省、自治区建设厅，直辖市建委，江苏省、山东省建管局，新疆生产建设兵团建设局：

为贯彻落实《国务院关于进一步加强安全生产工作的决定》（国发 [2004] 2 号），加强基层和基础工作，实现建筑施工安全的标准化、规范化，促使建筑施工企业建立起自我约束、持续改进的安全生产长效机制，推动我国建筑安全生产状况的根本好转，促进建筑业健康有序发展，现就开展建筑施工安全质量标准化工作提出以下指导意见：

一、指导思想和工作目标指导思想：以"三个代表"重要思想为指导，以科学发展观统领安全生产工作，坚持安全第一、预防为主的方针，加强领导，大力推进建筑施工安全生产法规、标准的贯彻实施。以对企业和施工现场的综合评价为基本手段，规范企业安全生产行为，落实企业安全主体责任，全面实现建筑施工企业及施工现场的安全生产工作标准化。统筹规划、分步实施、树立典型、以点带面，稳步推进建筑施工安全质量标准化工作。

工作目标：通过在建筑施工企业及其施工现场推行标准化管理，实现企业市场行为的规范化、安全管理流程的程序化、场容场貌的秩序化和施工现场安全防护的标准化，促进企业建立运转有效的自我保障体系。目标实施分 2006～2008 年和 2009～2010 年两个阶段。

建筑施工企业的安全生产工作按照《施工企业安全生产评价标准》（JGJ/T 77—2003）及有关规定进行评定。2008 年底，建筑施工企业的安全生产工作要全部达到"基本合格"，特、一级企业的"合格"率应达到 100%；二级企业的"合格"率应达到 70% 以上；三级企业及其他施工企业的"合格"率应达到 50% 以上。2010 年底，建筑施工企业的"合格"率应达到 100%。

建筑施工企业的施工现场按照《建筑施工安全检查标准》（JGJ 59—99）及有关规定进行评定。2008 年底，建筑施工企业的施工现场要全部达到"合格"，特级企业施工现场的"优良"率应达到 90%；一级企业施工现场的"优良"率应达到 70%；二级企业施工现场的"优良"率应达到 50%；三级企业及其他各类企业施工现场的"优良"率应达到 30%。2010 年底，特级、一级企业施工现场的"优良"率应达到 100%；二级企业施工现场的"优良"率应达到 80%；三级企业及其他施工企业施工现场的"优良"率应达到 60%。

二、工作要求（一）提高认识，加强领导，积极开展建筑施工安全质量标准化工作建筑施工安全质量标准化工作是加强建筑施工安全生产工作的一项基础性、长期性的工作，是新形势下安全生产工作方式方法的创新和发展。各地建设行政主管部门要在借鉴以往开展创建文明工地和安全达标活动经验的基础上，督促施工企业在各环节、各岗位建立严格的安全生产责任制，依法规范施工企业市场行为，使安全生产各项法律法规和强制性标准真正落到实处，提升建筑施工企业安全水平。各地要从落实科学发展观和构建和谐社会的高度，充分认识开展建筑施工安全质量标准化工作的重要性，加强组织领导，认真做好安全质量标准化工作的舆论宣传及先进经验的总结和推广等工作，积极推动安全质量标准化工作的开展。

（二）采取有效措施，确保安全质量标准化工作取得实效各地建设行政主管部门要抓紧制定符合本地区建筑安全生产实际情况的安全质量标准化实施办法，进一步细化工作目标，建立包括有关建设行政主管部门、协会、企业及相关媒体参加的工作指导小组，指导建筑施工企业及其施工现场开展安全质量标准化工作。要改进监管方式，从注重工程实体安全防护的检查，向加强对企业安全自保体系建立和运转情况的检查拓展和深化，促进企业不断查找管理缺陷，堵塞管理漏洞，形成"执行－检查－改进－提高"的封闭循环链，形成制度不断完善、工作不断细化、程序不断优化的持续改进机制，提高施工企业自我防范意识和防范能力，实现建筑施工安全规范化、标准化。

（三）建立激励机制，进一步提高施工企业开展安全质量标准化工作的积极性和主动性各地建设行政主管部门要建立激励机制，加强监督检查，定期对本地区施工企业开展安全质量标准化工作情况进行通报，对成绩突出的施工企业和施工现场给予表彰，树立一批安全质量标准化"示范工程"，充分发挥典型示范引路的作用，以点带面，带动本地区安全质量标准化工作的全面开展。

建设部将定期对各地开展安全质量标准化的情况进行综合评价，评价结果将作为评价各地安全生产管理状况的重要参考。同时，建设部将定期对各地安全质量标准化"示范工程"进行复查，对安全质量标准化工作业绩突出的地区予以表彰。

（四）坚持"四个结合"，使安全质量标准化工作与安全生产各项工作同步实施、整体推进一是要与深入贯彻建筑安全法律法规相结合。要通过开展安全质量标准化工作，全面落实《建筑法》、《安全生产法》、《建设工程安全生产管理条例》等法律法规。要建立健全安全生产责任制，健全完善各项规章制度和操作规程，将建筑施工企业的安全质量行为纳入法律化、制度化、标准化管理的轨道。二是要与改善农民工作业、生活环境相结合。牢固树立"以人为本"的理念，将安全质量标准化工作转化为企业和项目管理人员的管理方式和管理行为，逐步改善农民工的生产作业、生活环境，不断增强农民工的安全生产意识。三是要与加大对安全科技创新和安全技术改造的投入相结合，把安全生产真正建立在依靠科技进步的基础之上。要积极推广应用先进的安全科学技术，在施工中积极采用新技术、新设备、新工艺和新材料，逐步淘汰落后的、危及安全的设施、设备和施工技术。四是要与提高农民工职业技能素质相结合。引导企业加强对农民工的安全技术知识培训，提高建筑业从业人员的整体素质，加强对作业人员特别是班组长等业务骨干的培训，通过知识讲座、技术比武、岗位练兵等多种形式，把对从业人员的职业技能、职业素养、行为规范等要求贯穿于标准化的全过程，促使农民工向现代产业工人过渡。

请各地结合实际，认真贯彻本指导意见。

2005 年 12 月 22 日

# 住房城乡建设部办公厅关于开展建筑施工安全生产标准化考评工作的指导意见

文号：建办质〔2013〕11

各省、自治区住房城乡建设厅，直辖市建委（建交委），新疆生产建设兵团建设局：

2005年以来，各地住房城乡建设主管部门按照我部《关于开展建筑施工安全质量标准化工作的指导意见》（建质〔2005〕232号）要求，积极开展建筑施工安全生产标准化工作，有力促进了全国建筑安全生产形势的持续稳定好转。为进一步贯彻落实《国务院安委会关于深入开展企业安全生产标准化建设的指导意见》（安委〔2011〕4号）精神，深入推进建筑施工安全生产标准化建设，提高建筑施工企业及施工项目安全生产管理水平，防范和遏制生产安全事故发生，我部决定开展建筑施工安全生产标准化考评工作，现提出如下指导意见：

## 一、考评目的

规范建筑施工企业及施工项目安全生产管理，全面落实安全生产责任制，加大安全生产投入，改善安全生产条件，增强从业人员安全素质，提高事故预防能力，促进建筑安全生产形势持续稳定好转。

## 二、考评主体

建筑施工安全生产标准化考评工作包括建筑施工企业安全生产标准化考评和建筑施工项目安全生产标准化考评。建筑施工项目安全生产标准化考评工作是建筑施工企业安全生产标准化考评工作的重要基础。

住房城乡建设部负责中央管理的建筑施工企业安全生产标准化考评工作。省级住房城乡建设主管部门负责中央管理以外的本行政区内的建筑施工企业安全生产标准化考评工作。建筑施工项目所在地县级及以上住房城乡建设主管部门负责建筑施工项目安全生产标准化考评工作。

建筑施工安全生产标准化考评的具体工作可由县级及以上住房城乡建设主管部门委托建筑安全监管机构负责实施。

## 三、考评实施

（一）建筑施工企业安全生产标准化考评实施

建筑施工企业安全生产标准化考评工作应当以建筑施工企业自评为基础，考评主体在对其安全生产许可证延期审查时，同步开展安全生产标准化考评工作。

建筑施工企业应当成立以法定代表人为第一责任人的安全生产标准化工作机构，明确工作目标，制定工作计划，组织开展企业安全生产标准化工作。建筑施工企业应每年依据《施工企业安全生产评价标准》（JGJ/T 77—2010）等开展自评工作，并将所属建筑施工项目安全生产标准化开展情况作为企业自评工作的主要内容，形成年度自评报告。

建筑施工企业在申请安全生产许可证延期时，应当提交近三年企业安全生产标准化年度自评报告。考评主体在对建筑施工企业安全生产许可证进行延期审查时，应根据日常安全监管情况、生产安全事故情况及相关规定对企业安全生产标准化进行达标评定。

（二）建筑施工项目安全生产标准化考评实施

建筑施工项目安全生产标准化考评工作应当以建筑施工项目自评为基础，考评主体在对施工项目实施安全监管时，同步开展安全生产标准化考评工作。

建筑施工项目应当成立由施工单位、建设单位、监理单位组成的安全生产标准化工作机构，明确工作目标，制定工作计划，组织实施建筑施工项目安全生产标准化工作。项目实施过程中，依据《建筑施工安全检查标准》（JGJ 59—2011）等开展自评工作，形成自评手册。

考评主体在对施工项目实施日常安全监管时，应当监督检查建筑施工项目安全生产标准化开展情况。建筑施工项目竣工时，施工单位应当提交项目施工期间安全生产标准化自评手册和自评报告，考评主体应根据日常安全监管情况、生产安全事故情况及相关规定对施工项目安全生产标准化进行达标评定。

# 四、考评奖惩

为深入推进建筑施工企业及施工项目安全生产标准化建设，全面提高安全生产管理水平，对建筑施工安全生产标准化考评成绩突出且未发生生产安全事故的企业和项目，可评为"建筑施工安全生产标准化示范企业"和"建筑施工安全生产标准化示范项目"。对安全生产标准化未达标的建筑施工企业，责令限期整改；逾期仍不达标的，视其安全生产条件降低情况依法暂扣或吊销安全生产许可证。对不符合安全生产标准化达标要求的建筑施工项目，责令停工，限期整改；整改不到位的，对相关单位及人员依法予以处罚。

# 五、工作要求

（一）提高认识，加强领导。推进建筑施工安全生产标准化建设是一项重要的基础性工作，是促使建筑施工企业建立自我约束、持续改进的安全生产长效机制的重要举措，是推动建筑安全生产状况持续稳定好转的重要手段。各地住房城乡建设主管部门要充分认识推进建筑施工安全生产标准化建设工作的重要性，切实加强领导，认真组织开展好建筑施工安全生产标准化考评工作。要加大对建筑施工企业及施工项目的督促力度，采取措施增强企业推进建筑施工安全生产标准化建设的自觉性和主动性，确保建筑施工安全生产标准化工作取得实效。

（二）完善措施，有序推进。各地住房城乡建设主管部门要根据本地区实际情况，制定切实可行的考评办法，有序推进建筑施工安全生产标准化考评工作。要注重四个有机结合：一是建筑施工企业安全生产标准化考评工作与安全生产许可证的动态考核和延期审查工作有机结合，二是建筑施工项目安全生产标准化考评工作与日常安全监管工作有机结合，三是建筑施工安全生产标准化示范项目评选与各地已开展的创建文明安全工地等活动有机结合，四是建筑施工企业安全生产标准化考评工作与建筑施工项目安全生产标准化考评工作有机结合。

（三）公开信息，接受监督。各地住房城乡建设主管部门要建立完善信息公开制度，定期公告建筑施工安全生产标准化考评工作情况，通报批评不达标建筑施工企业和不达标建筑施工项目的建设单位、施工单位、监理单位，通报表扬示范企业和示范工程的建设单位、施工单位、监理单位。建筑施工企业及施工项目的安全生产标准化情况应当纳入建筑市场各方主体质量安全管理信用档案，并接受社会舆论监督。各级住房城乡建设主管部门和建筑施工企业等要尽快建立建筑施工安全生产标准化信息平台，为建筑施工安全生产标准化考评工作创造有利条件。

中华人民共和国住房和城乡建设部办公厅
2013 年 3 月 11 日

# 参 考 文 献

［1］ 北京海德中安工程技术研究院．建筑企业安全生产标准化实施指南．北京：中国建筑工业出版社，2007.

［2］ 北京市住房和城乡建设委员会．北京市建设工程安全生产管理标准化手册．地方标准，2010.

［3］ 中国建筑一局(集团)有限公司．施工现场标准化图册．企业标准，2014.